HAYBALL
海鲍尔建筑设计作品集

[澳] 海鲍尔建筑事务所 / 编著　　贺艳飞 / 译

HAYBALL

海鲍尔建筑设计作品集

广西师范大学出版社
· 桂林 ·
images
Publishing

图书在版编目(CIP)数据

海鲍尔建筑设计作品集/澳大利亚海鲍尔建筑事务所编著；贺艳飞译. —桂林：广西师范大学出版社，2018.1
(著名建筑事务所系列)
ISBN 978-7-5495-9999-8

Ⅰ. ①海… Ⅱ. ①澳… ②贺… Ⅲ. ①建筑设计-作品集-澳大利亚-现代 Ⅳ. ①TU206

中国版本图书馆 CIP 数据核字(2017)第 323374 号

出 品 人：刘广汉
责任编辑：肖 莉
助理编辑：季 慧
版式设计：吴 茜 别以楠

广西师范大学出版社出版发行
(广西桂林市五里店路 9 号 邮政编码：541004
网址：http://www.bbtpress.com)
出版人：张艺兵
全国新华书店经销
销售热线：021-65200318 021-31260822-898
恒美印务(广州)有限公司印刷
(广州市南沙区环市大道南路 334 号 邮政编码：511458)
开本：635mm×965mm 1/8
印张：32 字数：40 千字
2018 年 1 月第 1 版 2018 年 1 月第 1 次印刷
定价：268.00 元

CONTENTS目录

序

贾斯汀·克拉克

海鲍尔事务所是澳大利亚建筑界众多默默无闻的成功者之一。在过去30多年里，海鲍尔创作了大量作品——有些作品读者可以在下文中看到，但海鲍尔也因其致力于建造一个强大、广博的知识库而闻名遐迩。特别是海鲍尔还在建筑思想以及教育、住房、城市化和技术领域做出了突出贡献。

2013年，海鲍尔为了庆祝成立30周年纪念日，出版了《交流：协作、汇合、对话》一书。该书就事务所极其关注的几个重要话题进行了讨论，分别是：公寓生活、住房、教育、综合考虑的选址、空间营造和亚洲人时代的澳大利亚。虽然该书通过项目来阐述问题，构建讨论，但其主要焦点却不是项目。在这本书中，也就是您现在拿在手上的，项目才是焦点——我们能有幸读到过去10年里共39个项目的详细描述。但重要的一点是，在浏览这些精心选编的照片、图纸和项目描述的时候，我们一定要记得上一本著作中的思想。

研究和探索是该事务所的核心，也是设计和编撰这部优秀的已建作品集的动力源泉。研究和探索精神在适合的地方适时地得以展现——事务所了解其所属行业的历史和背景，而且积极参与了现代讨论。这些探索不是单独进行的。《交流》包括众多与该事务所有关联却不“属于”该事务所的人们所撰写的文章和简短的观点。这些文章和观点简明地表达了合作的重要性，且合作超越了海鲍尔人的范围，囊括了与之建立了长时间合作关系的学术和客户群体以及那些将在事务所设计的建筑中生活、工作和学习的人们。这种快速增长的知识和经验很好地武装了海鲍尔，使它能够预测可能的未来，并将它们变成现实。

该书收录的作品类型非常清晰，最显著的两个作品是按照主要类型组织的——教育项目在探索建筑、空间和教学与学习环境的结合方面走在最前沿；住房项目研究了不同人口规模和环境中的城市生活模式。这些可能看起来是非常怪异的组合，但多个类型以多种方式相互融合、互为补充，同时也减少了依赖特定部门的商业风险。

教育类作品此时恰好完美地表现在著名的南墨尔本小学中。该项目被称为澳大利亚第一座垂直公立学校，融合了渔民湾的社区设施。渔民湾原来是一个工业区，目前正在借助大范围的新住房开发项目进行快速转型。里士满中学也怀着相似的目标，它是一所位于内城街区的中学，所在的内城同样拥有一段工业历史，却具有截然不同的城市特征。在这些项目以及之前的许多其他项目中——最著名的是丹德农中学——我们看到了既为学生创造方便学习的环境，又改善学校所在的城市和社区环境的承诺。建筑学是在解决这些问题的过程中形成的，并成功地同时服务于两个群体。

住房类作品涉及范围广泛的众多客户和环境。令人惊讶的是，每个项目都对可能的生活方式进行严肃的调查，而且每个建筑也都建立在对住房类型的充分了解以及对那些将入住公寓的人们（无论贫富）的细致考虑上。海鲍尔不是那种设计住宅小区来满足开发商和投资者的需求，却丝毫不考虑未来居民的建筑师事务所。加拿大酒店改建项目是这方面的例证。这是一个大学学生住房项目，预算紧张，建筑师巧妙地利用了预制混凝土板建筑系统，特别关注公共空间，提供了虽小但智能的公寓，这对城市建设做出了杰出的贡献。

我们还看到了属于这两种类型之间的其他项目。这些项目对上述两个类型进行了补充，同时也使作品集的结构更加清晰。所有海鲍尔项目都融入了对社区、地点和城市条件的考虑。这种考虑是城市设计作品的核心，包括校园总规划项目以及如2065设计提案（见第190页）和3047设计提案（见第190页）这样的假想性作品。但实际上，所有海鲍尔建筑也都是城市设计项目，而且全部都是场所营造方面的习作。

此等质量的作品无论进行了多么全面的探索或严格的创造，都不仅仅是思想和类型相互交融产生的结果，它也是事务所运营的一种直接后果。海鲍尔真的是一个“事务所”——一群共同工作的建筑师和相关专业人员构成的集合体。海鲍尔的名誉和真实坚定地扎根于专业技能和协作，而不是任何独立的“英雄”建筑师的魅力。

海鲍尔当然是创办总裁伦恩·海鲍尔的名字，但事务所的作品和名誉并不依赖于特定一位作者的“手”或声望，事实上，整个事务所是因其设计的作品才获得认可的（虽然在盛赞个体创造性的媒体环境中，这算不上功绩）。同时，经理们的确具有不同的经历。许多人因其专业知识和技能而受到极高的尊敬，有人在专业机构中担任领导职位，而且所有人对该行业的公共文化均做出了贡献。通过他们以及其他众多海鲍尔的同事，事务所积极参与建造专业网络并分享知识。

这种协作方式贯穿于事务所的所有设计过程中。每个项目都是由一名项目经理兼设计组长负责的，但在每个过程中都会开展一系列的常规评审，这能确保设计因为不同的声音和观点而更加丰满。这种协作使得海鲍尔的集体智慧在与工作相关的同时，免于遭遇“委员会设计”的问题。评审参与者经过了精心选拔——他们总是包括一位一般不参与项目的经理以及事务所中的其他成员，包括年轻员工。这为不同工作之间的相互补充创造了机会——有关一个住宅小区项目的新观点可能是那些熟悉社会和文化方面的人们提出来的，反之亦然。比如，对学校的功能性社群以及相关设计意义和可能性的了解，对事务所设计住宅项目，特别是学生公寓，具有直接影响。

每个项目的开发过程都记录在海鲍尔的《红字书》中。这是一本笔记式小书，用于记录每个项目的进展情况并捕捉主要思想，确保它们不会遗失在设计展开过程中。书名是对伦尼·利芬在该项目中所做贡献的一种认同，因为他在制作工程图过程中采用了红色——“思想脱口而出，然后《红字书》就产生了”。《红字书》有益于知识的维护，即它捕捉核心思想，重复和设计过程；它促使知识的转移，并从不同的来源进行收集信息。但它不仅仅是记录一个单一项目，它的编辑过程同样也展现了事务所的设计精神和办公室文化。

澳大利亚建筑背景中的另一个不同寻常的特点是员工共享系统。这也可以理解为加强和发展公司文化、认可员工的努力以及增加事务所的集体辨识度的另一种方式。

《红字书》和员工共享系统均是应对事务所快速发展的方法。当员工数量呈指数增长时，如何确保统一的设计方法？当存在一股稳定的新人流时，你如何维持并提升一家事务所的文化？海鲍尔在招聘时非常谨慎，但也明白办公室和其他地方的交流和透明过程也同样重要。

管理发展过程的同时维持设计质量和公司文化是很多事务所共同面对的挑战——从一家程序不规范、信息分享不足的小型“精品”公司转变为一家采用全新管理和人力资源系统的较大型事务所并不容易。海鲍尔非常严肃地应对这种挑战，采用谨慎发展的战略，同时利用产生一种平等文化的探索系统和过程进行不断探索，并确保设计质量，以多种方式对其所属的社区做出贡献。

在一个职业充满不稳定因素的时代，海鲍尔向我们展示了建筑事务所可能拥有的未来。

FLEXIBLE
CREATIVITY
ARTY
A fun place to work
YOUNG
OPEN
OPEN CLEAR
COOL
INSPIRATIONAL SPACE
Visionary
INNOVATIVE
Reliable
Aspiring
INVITING
HAPPY STAFF
RELAXED ENVIRONMENT
Nurturing
GREEN
HEALTHY
TEXTURE

引言

2016年11月，南墨尔本小学设计方案在柏林世界建筑节上荣获了年度未来项目奖。加入了超级评审团的事务所经理理查德·伦纳德和安·劳给全体员工发送了一封电子邮件告知该消息。

上面写道：“恭贺所有参与者。有太多人需要感谢，所以无法一一言谢。但这是一项优秀的团队成果，证明了整个事务所的杰出工作。建筑设计是一种团队运动。作为海鲍尔团队的一部分，此次成功的大部分功劳应归功于你们。它对于你们来说，是一项非凡的成就！今天，我们骄傲地站上了世界舞台。”

我们的作品赢得了无数设计奖项，它们是我们获得成功的标志。但我们相信，优秀的设计不只需要这类认同。在所有工作中，一项设计，一栋建筑，都是大量共同努力的结晶。在宣传海鲍尔过去十年里所承接的重要项目时，这本书鼓励了一种协作文化，即在持续性研究的更新和创新中所取得的集体成就以及对事务所的持续发展极为重要的自我批评。

海鲍尔很久以来一直坚守清晰的人道主义社会议题。而且我们有意地在事务所内开发多样化的项目，这将保护我们免受市场浮动的影响，同时不太明显的促进显然不相关的思想与意外和独创思想的相互融合。

在为这本书评选事务所过去34年的作品时，所选项目都代表了过去十年里我们创作的最佳作品。它们按倒序排列，在合适的时候做出调整——比如将相似项目或同一位客户的项目编入一组。这个过程促使我们对过去30多年里的变化进行思考。我们从未感到自满，继续思考不断变化、范围广泛的复杂建筑要求，以创造优秀的场所，塑造可持续社区。

里士满中学

里士满中学属于墨尔本内城垂直教育设施规划的一部分。这是一所新建中学，将提供可容纳650名学生的创新教育空间。其目的是鼓励社区参与，提高环境可持续性。

校园的核心部分是学院区。这是一座漂亮的四层楼新建筑，它以简洁、动态的建筑语言宣扬了该街区的教育前景。其建筑方案是将该建筑构建成一个由两部分构成的结构：一部分是坚固的“基座”，它从地平面冒出来，并与另一部分，即以轻结构包覆的“主体”连接起来，而“主体”则与上方的天空产生联系。

作为整个建筑的“肺”，中央中庭能够改善室内空气质量，提供一个组织合理的垂直循环空间，而学校内部设施就围绕这个空间布置。楼层之间保持较小的斜度，与阳光照射角度接近，以方便日光深入建筑核心，并为学校在其中开展教学活动创造各种空间背景，构建一个更加多样、动态的内部空间。　该建筑的一楼被设计成一系列的巷道，其整体形状借鉴并加强了整个现场的新城市格局。这些巷道提供了多种多样的背景，能满足个人和群体需求，是促进教员和学生以及更广泛的学校群体建立联系的空间。

该建筑的平面布局创造了两个主要城市空间。其中“北院”宽阔、开放，与街道相通。该部分被设计成鼓励社群进入，并与周末街市相连。而“西院”拥有维护良好的景观，专供学校使用，并构成了李娜尔大楼和该校运动区之间的交界区。运动区位于一个相邻现场，包括比赛级网球场、社区设施和公共空间。

地点 / 澳大利亚墨尔本里士满
客户 / 教育培训部（维多利亚区）
竣工时间 / 2017

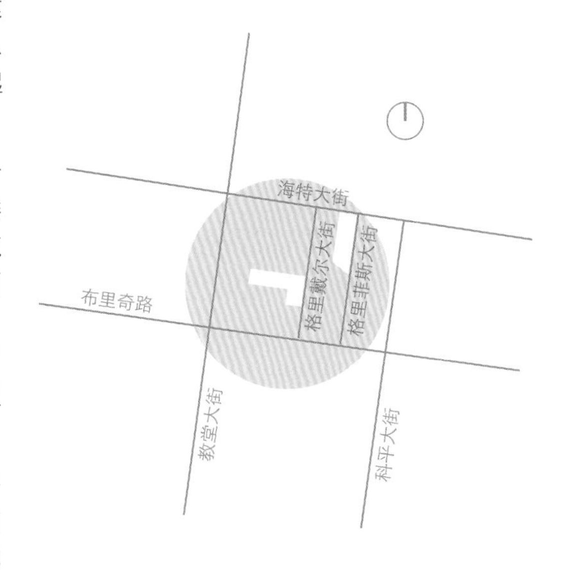

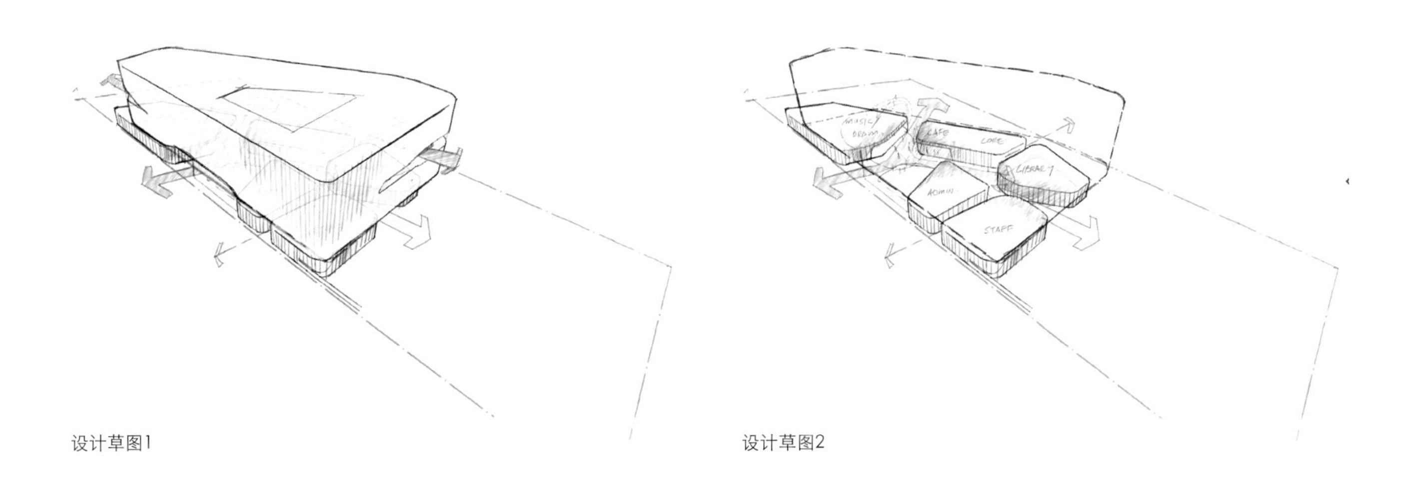

设计草图1　　设计草图2

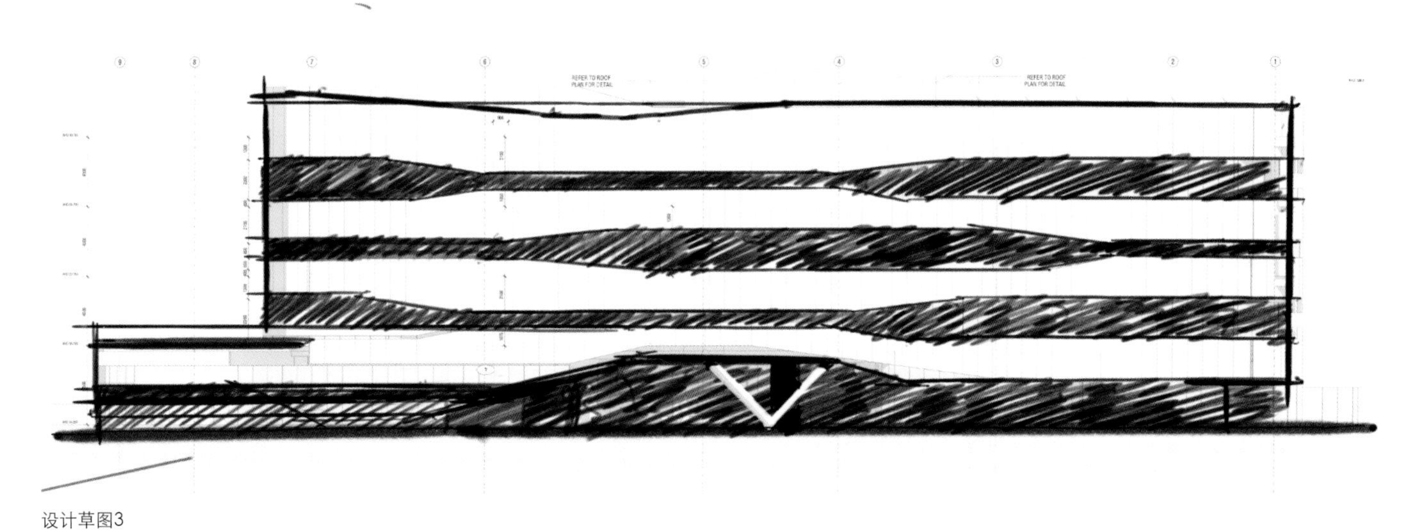

设计草图3

设计草图4

墨尔本帝国公寓

墨尔本帝国公寓大楼是耸立在墨尔本城市地平线上的一座与众不同的新建筑。它是MY80大厦的兄弟项目，各自占据了墨尔本中心商业区和伊丽莎白街交叉口的一个地标性转角位置。

该建筑被设计成统一的大厦形式，有62层楼高，包括487套公寓，垂直方向由三部分构成，以巨大的间隔层分开。间隔层包括各种居民公共设施，其中有一个游泳池、多个桑拿房、健身房、瑜伽室、用餐和娱乐空间及一个居民休息室。该建筑还包含两个零售楼层、一家餐厅和一楼的一家露天咖啡店。

建筑外立面是一面由倾斜的金属片构成的垂直面，根据其位于立面的位置和高度，以色调、规格和深度加以区分。金属片装饰创造了一层由映像、光线和阴影构成的不断变化的覆层，还能在白天为建筑遮阳，在夜间反射室内灯光。

帝国公寓的垂直立面与MY80建筑外立面的外骨骼结构相辅相成。预制混凝土、金属和玻璃等坚固材料的选用表现了大楼的耐用性，而这种耐用性遮掩了它作为墨尔本最著名的公寓大楼的光辉。

地点 / 澳大利亚墨尔本
客户 / 猛犸帝国集团
竣工时间 / 2017

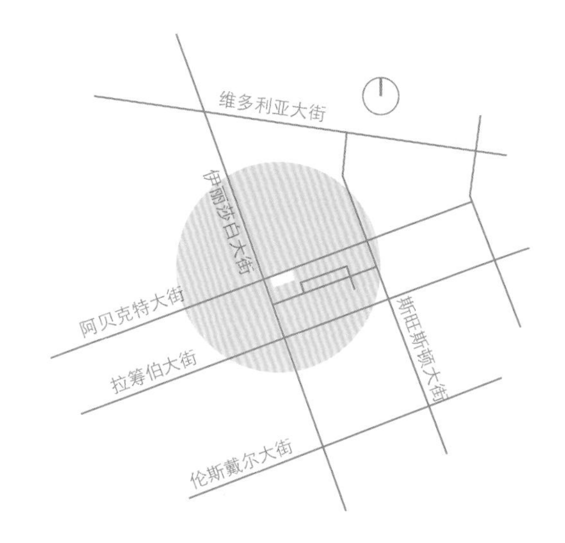

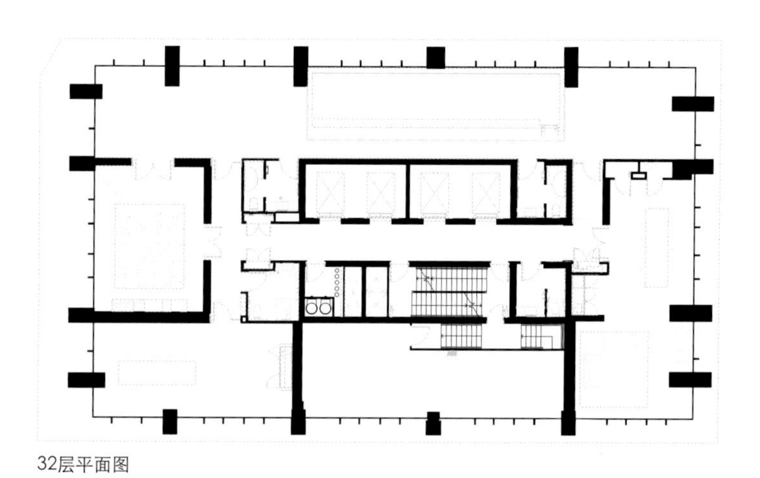

32层平面图

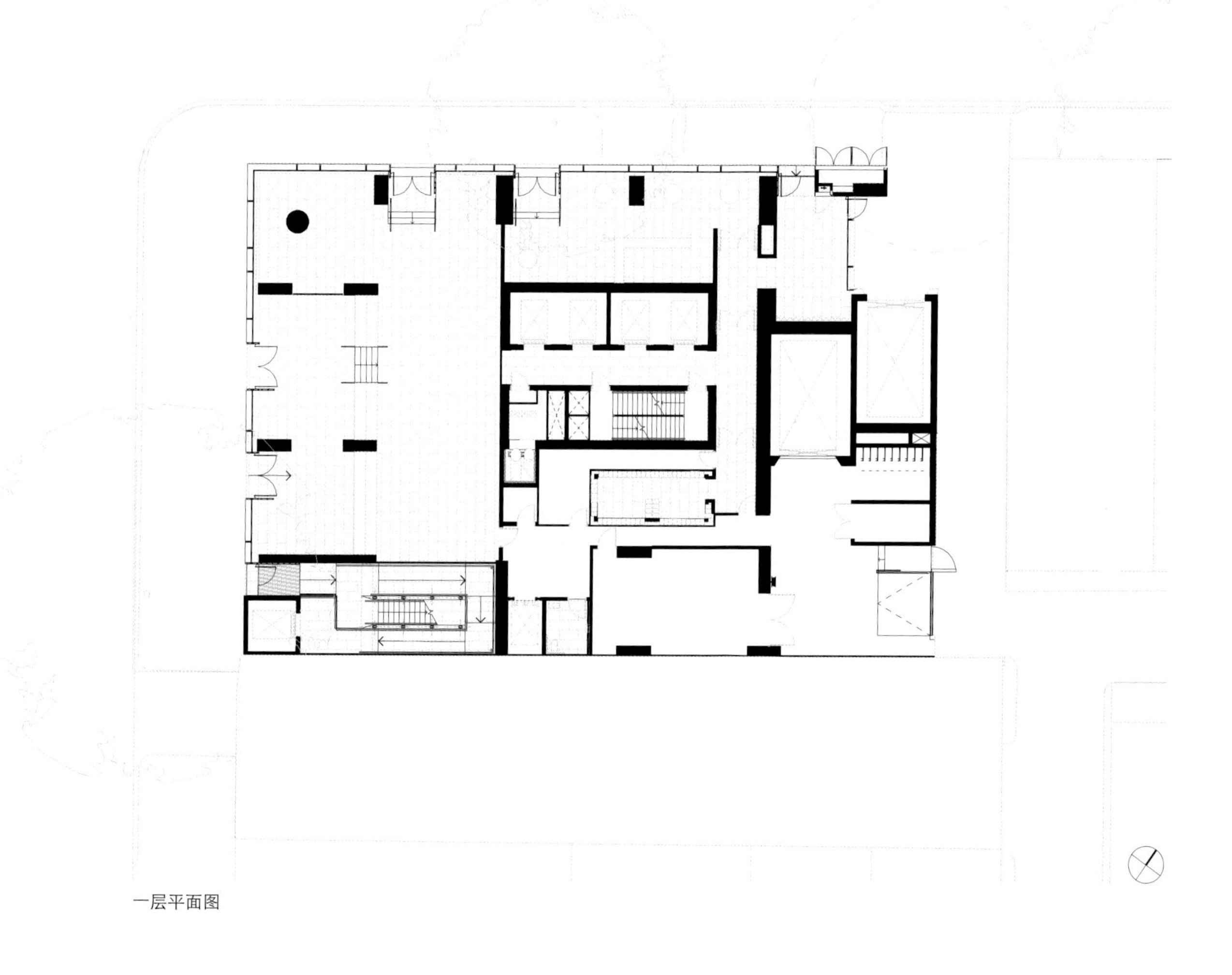

一层平面图

TS UNION

CITYEdge

南墨尔本小学

随着澳大利亚各大城市内城区人口数量的快速增长和密集化，海鲍尔事务所站在了为新兴和未来社区建造高密度学校模板的前沿。

南墨尔本小学位于渔民湾。这里是澳大利亚最大的城市重建区，预计人口密度达3.2万人每平方千米——相当于曼哈顿的人口密度。该小学将成为维多利亚州第一所垂直公立学校。

该项目的一个主要创新是将可容纳525名学生的小学与社区设施结合起来，包括一所幼儿园、妇幼保健服务所及多功能社区和休闲空间，以创建一个新社区中心。该公共空间的目的是为了在学校和广义管辖区之间建立紧密的联系，在该新兴区战略性地提供服务设施和空间。

由75名学生和三位教师构成的多个学习团队分布在四层楼里，形成了以学生为中心的现代学习空间。这些空间与室外学习露台直接相连，而用于聚会、烹饪和多媒体的共用空间则从水平和垂直方向将不同的学习团队连接起来。一个由一系列露天台阶和空间构成的垂直广场将整个建筑中的不同学习项目连接起来，并鼓励开展互动活动和社交聚会。

该小学采用的建筑形式是将众多元素简单地布置在一个复杂的地面墩座墙上。这种设计最大程度地增加了采光，减少了风和交通噪声对露天空间的影响。建筑覆面利用彩色面板或者马赛克砖构成了有趣的图案，使建筑生动起来，暗示着这里是一处学习和社区聚会的地方。

海鲍尔事务所与维多利亚州政府、菲利普港市和12个其他当地和州机构共同参与了该项目。该项目通过利用共享设施、协作经营和管理以及建立合作关系来创建社区教育计划和社区机构，创造为社区发展和终生学习做贡献的机会。

地点 / 澳大利亚墨尔本南墨尔本区
客户 / 教育和培训部（维多利亚州）
竣工时间 / 2017
获奖信息 / 2016世界建筑节年度未来项目奖、教育类未来项目奖

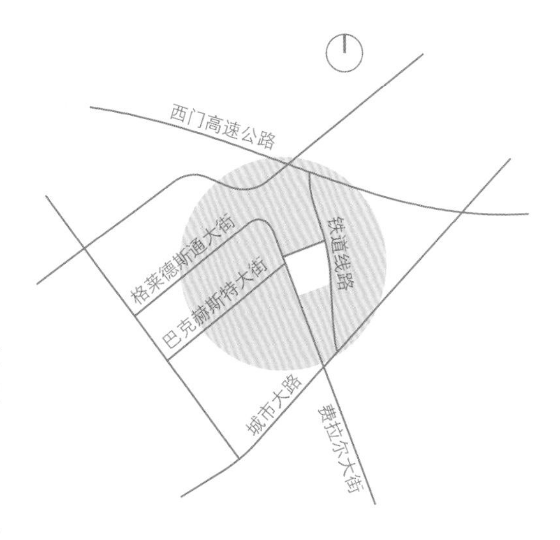

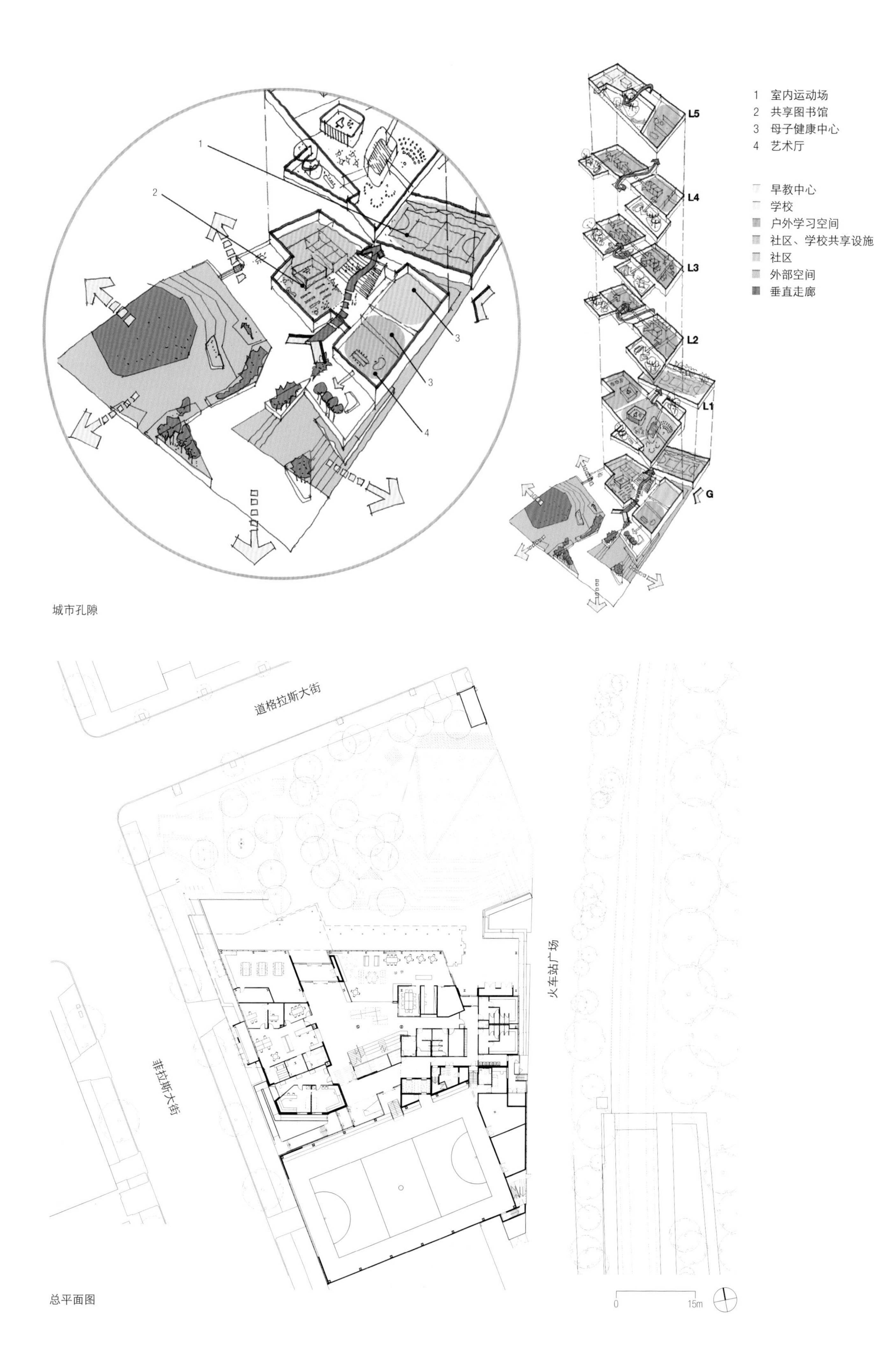
1 室内运动场
2 共享图书馆
3 母子健康中心
4 艺术厅
早教中心
学校
户外学习空间
社区、学校共享设施
社区
外部空间
垂直走廊
L5
L4
L3
L2
L1
G
道格拉斯大街
火车站广场
菲拉斯大街
0
15m
城市孔隙

总平面图

拉筹伯大学 唐纳德·怀特海德大楼改建项目

地点 / 澳大利亚墨尔本本多拉区
客户 / 拉筹伯大学
竣工时间 / 2017

拉筹伯大学唐纳德·怀特海德大楼的改建项目把重心放在该校的一栋重要建筑的功能重新定位上。设计将拉筹伯商业学院包括在内，整体规划了高等教育、研究和工作空间，并构建了一个全新的外立面。新设计恢复了建筑内部和外部空间的关系，同时在由罗伊·格朗兹爵士设计的原大学主平面图的基础上，保留了灌木景观和澳大利亚桉树。

内部空间探索了协作教学方法的可能，对柱的分布做了结构性修改，使楼板跨越两层楼。通过这种改建创造了新研讨区以及一个连接性空隙空间。空隙空间带座椅台阶，有助于将不同的内部平面融合起来，也让空间能够同时具有多种功能，兼做流通路线、展示区或用于社交的非正式空间。“丝带墙”将多个团队工作空间连接起来。这些空间设置座椅角、多功能工作台和资源站，并为实物展示和视听演示提供了机会。

立面覆面由一整面压花铝制护沿、遮阳肋片和贯穿整个建筑外观的带窗檐的窗口构成，且与内部空间相似。随着这些元素的逐渐变化和深度的增加，它们令人想起原立面大量采用的砖柱，同时也改善了玻璃遮阳和日光照明的效果。它们的醒目存在为底层原有结构网格增添了一层富有变化和趣味的新面层。

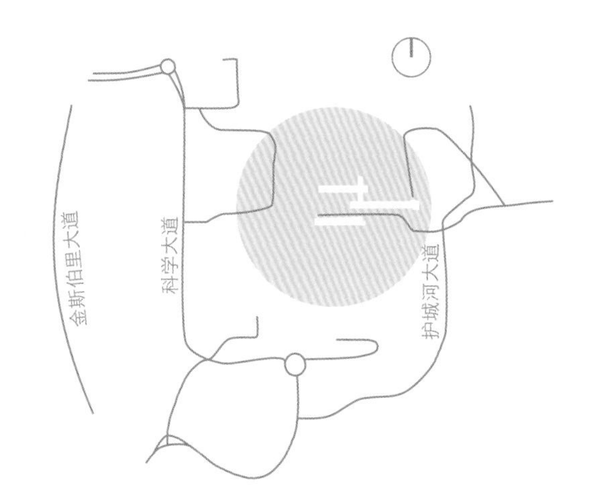

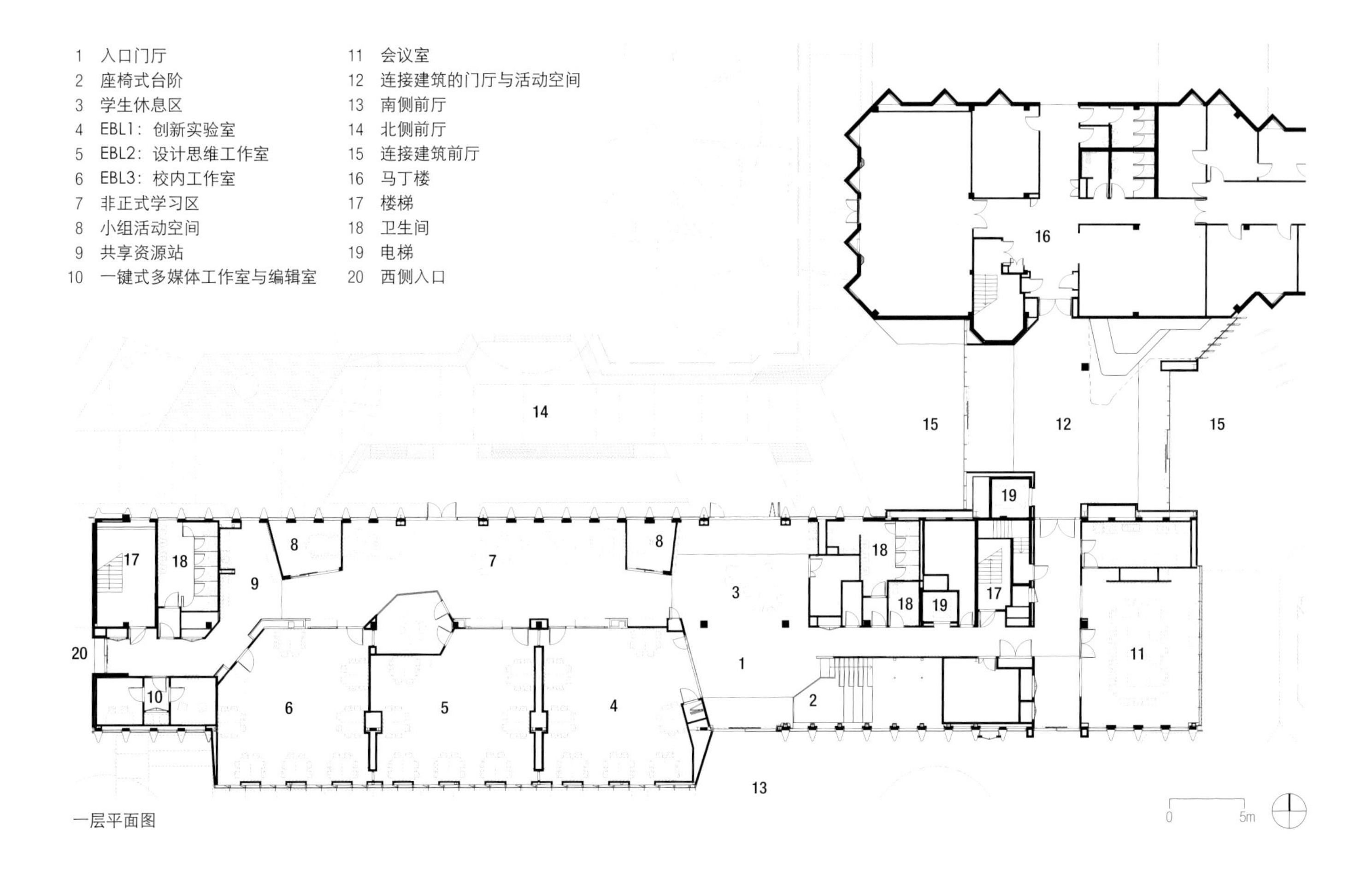
1 入口门厅
2 座椅式台阶
3 学生休息区
4 EBL1：创新实验室
5 EBL2：设计思维工作室
6 EBL3：校内工作室
7 非正式学习区
8 小组活动空间
9 共享资源站
10 一键式多媒体工作室与编辑室
11 会议室
12 连接建筑的门厅与活动空间
13 南侧前厅
14 北侧前厅
15 连接建筑前厅
16 马丁楼
17 楼梯
18 卫生间
19 电梯
20 西侧入口
0
5m

一层平面图

107

凯瑞文法学校
学习与创新中心

墨尔本凯瑞文法学校的学习和创新中心以现有的J. O. 托马斯四方院为中心，创建了一系列新图书馆以及科学、综合学习和活动空间。该项目是海鲍尔事务所根据该学校的战略性展望改建丘区校区主规划一期工程的最后部分。

该项目被构想成一个城区，而不是一栋单一的建筑。它重新定义了“校园核心区”，修建了与现有四方院和小教堂——该校的社交和宗教空间——相连的道路。它是与相邻设施相互连接的集成组件，但也与学校周边的主要公共入口建立了新步行通道。

一楼的图书馆采用以大面积胶合板装饰的吊顶和墙面以及嵌入式家具，为小组学习和个人学习创建了各种非正式环境。胶合板的浅色色调将内部空间提升成了一种从外面看上去开放、可用的资源。

各种新科学设施与相邻的教学设施相联系，为发现和探索提供了一个现代教学空间。多个实验室与不同的多功能区相结合，包括一个推行拟真学习的奇幻探索中心。

作为该校全球扩展计划的一部分，并受全球标志性民主空间的启发，会议室像是悬空于建筑较低楼层的一个玻璃容器。设计师在室内特别设计了一个位于圆形底座之上的照明圆顶，亦增加了学习体验的乐趣。

地点 / 澳大利亚墨尔本丘区
客户 / 凯瑞文法学校
竣工时间 / 2016
获奖信息 / 2017澳大拉西亚学习环境地区奖，新建筑、新建单体设施奖

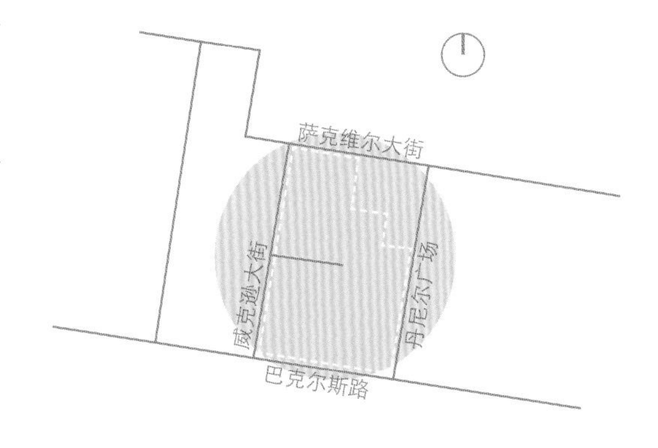

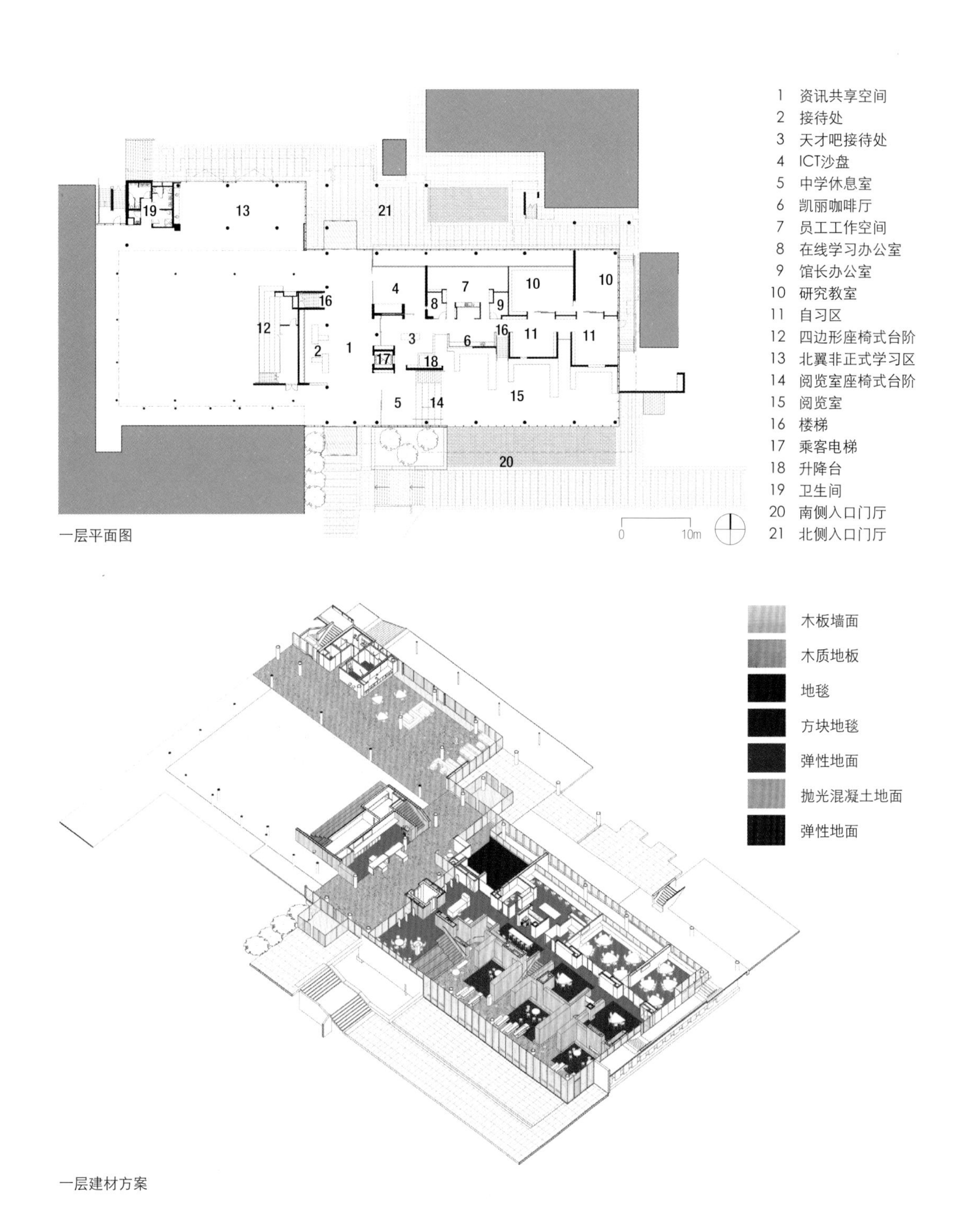

一层平面图

一层建材方案

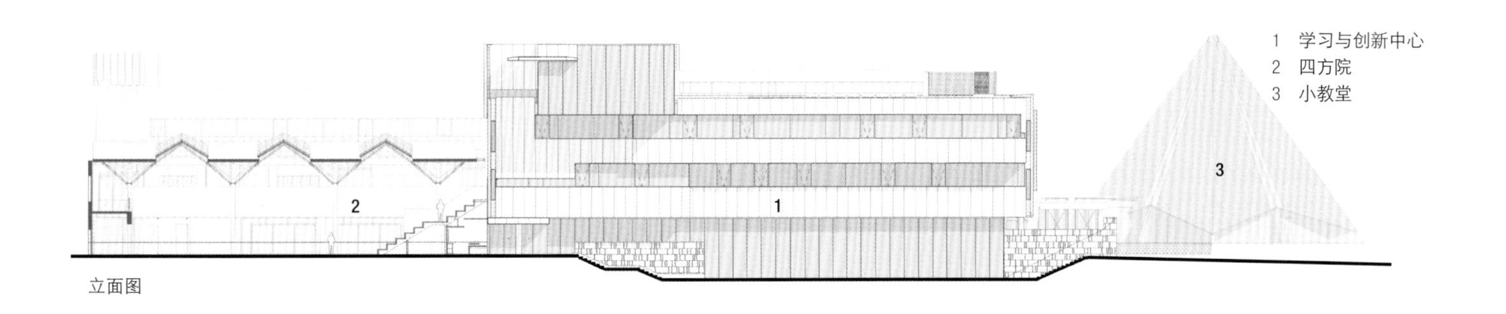

立面图

常青公寓

常青公寓是一座七层楼高的住宅楼，位于艾凡赫区主街与附近的一个火车站和线型公园之间。该公寓大楼共有163套公寓，它为这个历史上由低层联排别墅、独栋住宅楼和当地专业商业机构构成的街区增加了高质量的城市密集空间。

它的建筑形式表现为不断变化的木屏立面结构，这种结构区分了建筑内的不同公寓，并将堆叠的公寓按照严格的布局排列。每套公寓都拥有独特的方位，通风良好，从阳台可欣赏风景。阳台本身使建筑的外观更加迷人，也使其与周边环境更加协调。

常青公寓通过一个商业租赁空间与公共空间相融合。该商业空间与公寓的主入口大厅相邻，两者共享前庭。前庭设置花园凉亭，栽种街道树木，以吸引人们进入和逗留。公寓还有一个公共屋顶景观平台，为居民提供了一个安静的休息处，从这里可俯瞰周围的公园、远处的群山和墨尔本城市地平线。

从材料来看，木材的暖色调掩盖了预制混凝土和玻璃的冷硬，让建筑与周边的落叶植物相互呼应。

地点 / 澳大利亚墨尔本艾凡赫区
客户 / 科科达房地产公司
竣工时间 / 2016

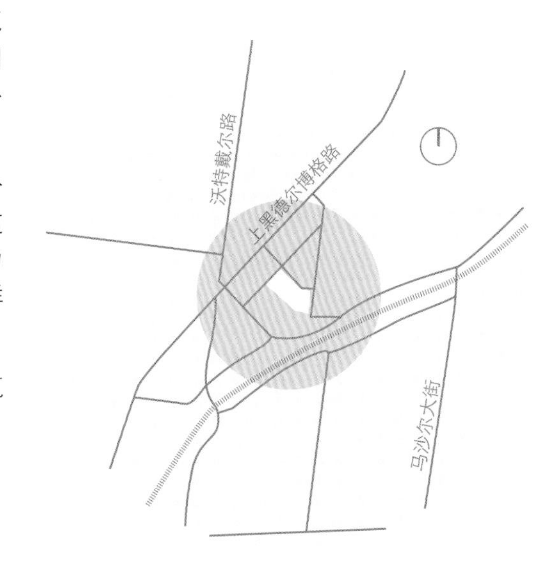

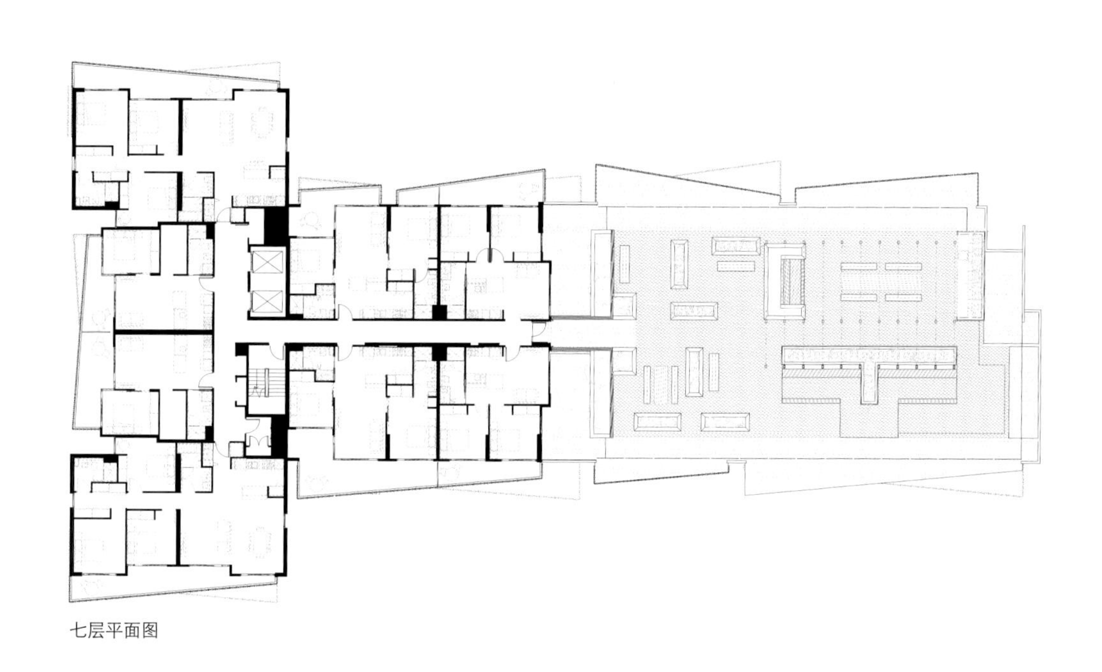

七层平面图

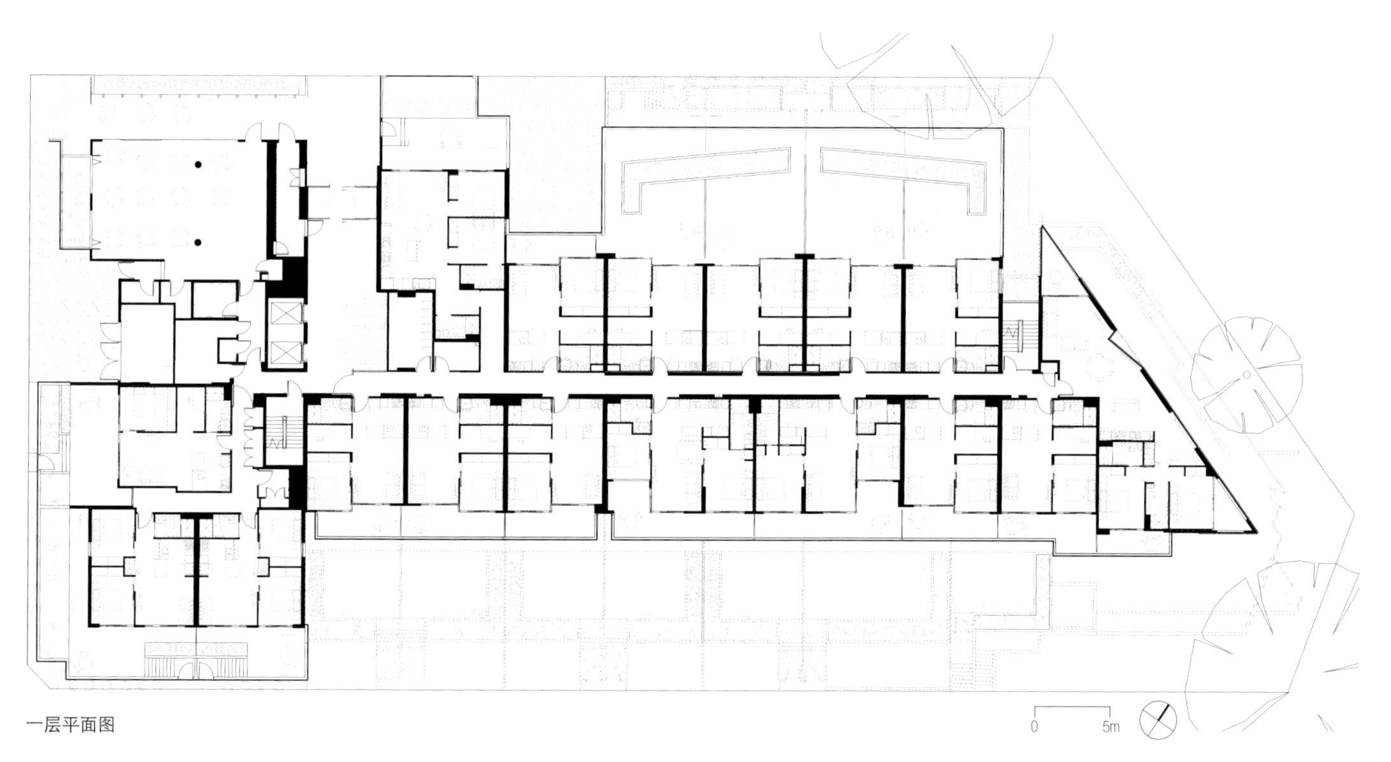

一层平面图

诺德公寓

诺德推出了一种新型公寓，以迎合新一代年轻职员对生活方式的追求。这个重要的开发项目位于快速发展的墨尔本城郊。它通过响应人们的生活和工作方式的变化，试图以时尚、保值的弹性功能住宅吸引业主居住者。

一室、两室和三室公寓可以俯瞰树木成荫的大道、附近的皇家公园，居民们还能欣赏城市天际线的漂亮风景。整栋公寓楼外观优雅、整洁、现代，具有斯堪的纳维亚风情。

整体建筑结构和室内空间的设计以空间、光线、宜居性和弹性为中心，形式的构造形成了雕刻般的变化和丰富的映像，整个立面的折叠式深色玻璃栏杆就如同切割的黑宝石。嵌入式阳台与凸出的飘窗相间排列，注入公寓一室阳光。室内布局通过巧妙地设置大量推拉板和玻璃隔断，提供了灵活多变的布局选择。

主入口顶部是白色加梁天花板，门厅处设置了精心制作的木制服务台。为帮助千禧年一代合理处理日常家务，开发商在项目中引进了“生活管家”的角色。这些“管家”受聘为居民简化日常事务，组织社交活动，以营造活跃积极的社区感。

诺德公寓拥有两个安静、葱郁的公共庭院和一个宽敞的可欣赏城市风景的屋顶花园，为居民提供了极大的便利，同时在不损害风景的前提下，在需要的地方创造了露天私人场所。

地点 / 澳大利亚墨尔本北墨尔本区
客户 / 奥利弗・休姆公司
竣工时间 / 2016

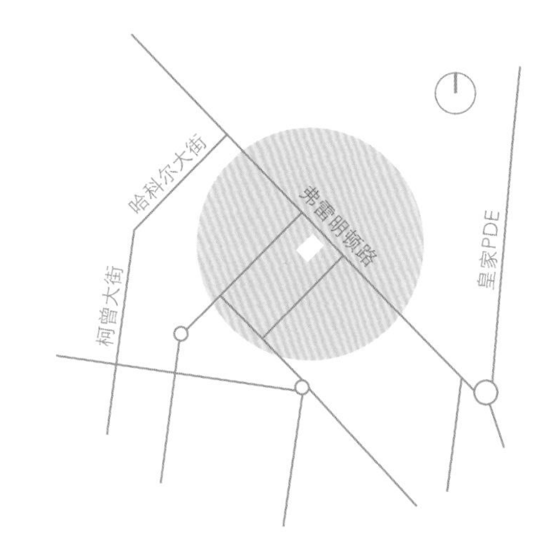

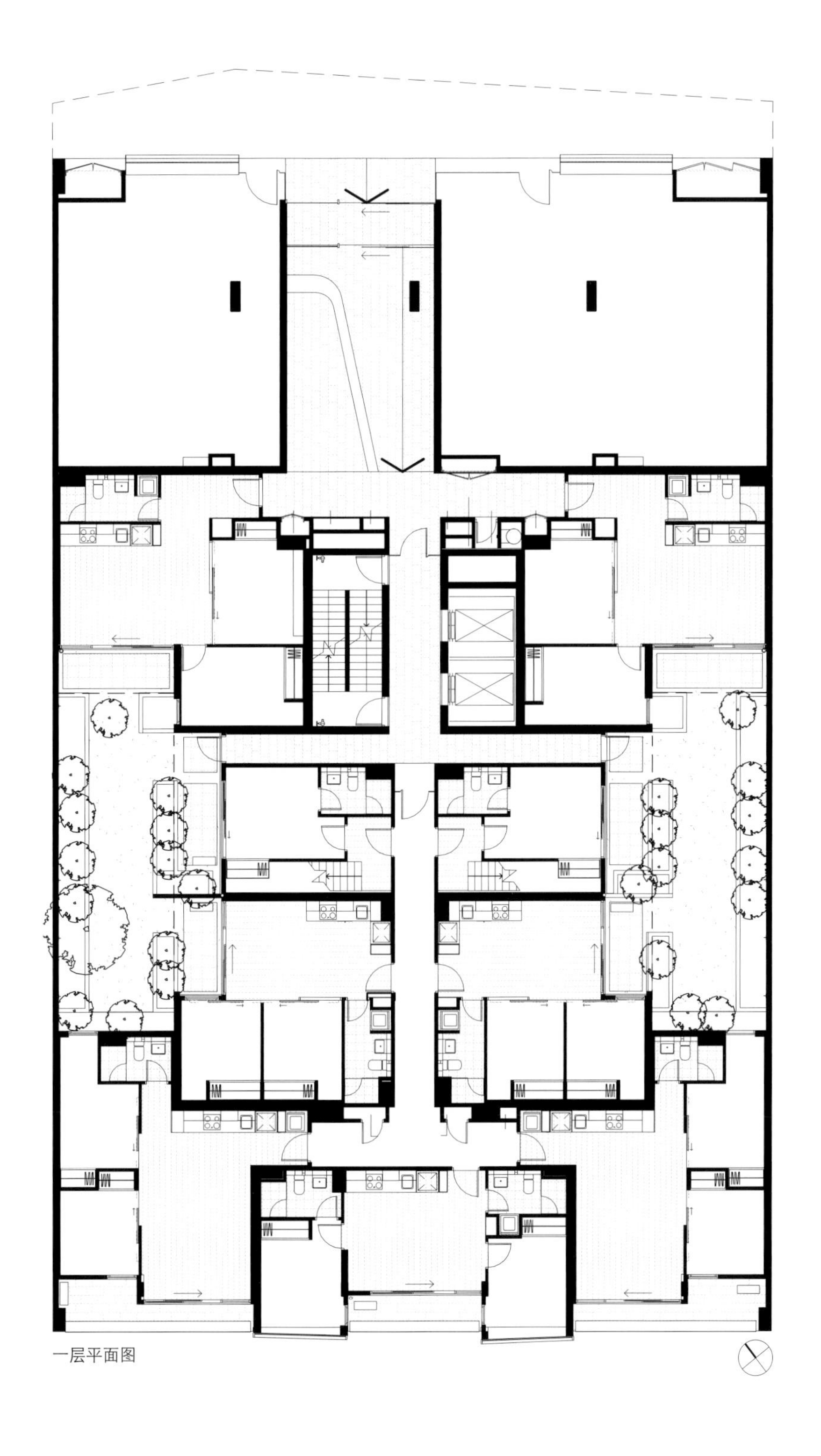
一层平面图

居民俱乐部

这几个居民俱乐部项目是为维拉伍德房地产公司设计的，包括墨尔本近郊住宅区的休闲和功能性设施。每个项目一般包括功能区、休息区、游泳池、网球场、咖啡馆和相关设施，重点是运动、休闲和社交设施。

社区和家庭生活是每份设计的核心，室外设计取决于每个住宅区如何利用空间。简单的形式塑造突出每个现场独有的特征，强调整体设计。海鲍尔事务所利用其在教育领域积累的丰富经验，特别是迎合较小、单一社区需求的建筑的相关经验。在这些社区中，尺度关系、材料选择和与总规划的融合至关重要。

客户 / 维拉伍德房地产公司

阿姆斯特朗俱乐部
地点 / 澳大利亚维多利亚阿姆斯特朗河
竣工时间 / 2016

延龄草俱乐部
项目地点 / 澳大利亚维多利亚米克勒姆
竣工时间 / 2014

德拉利俱乐部
项目地点 / 澳大利亚维多利亚克莱德北
竣工时间 / 预计2018年

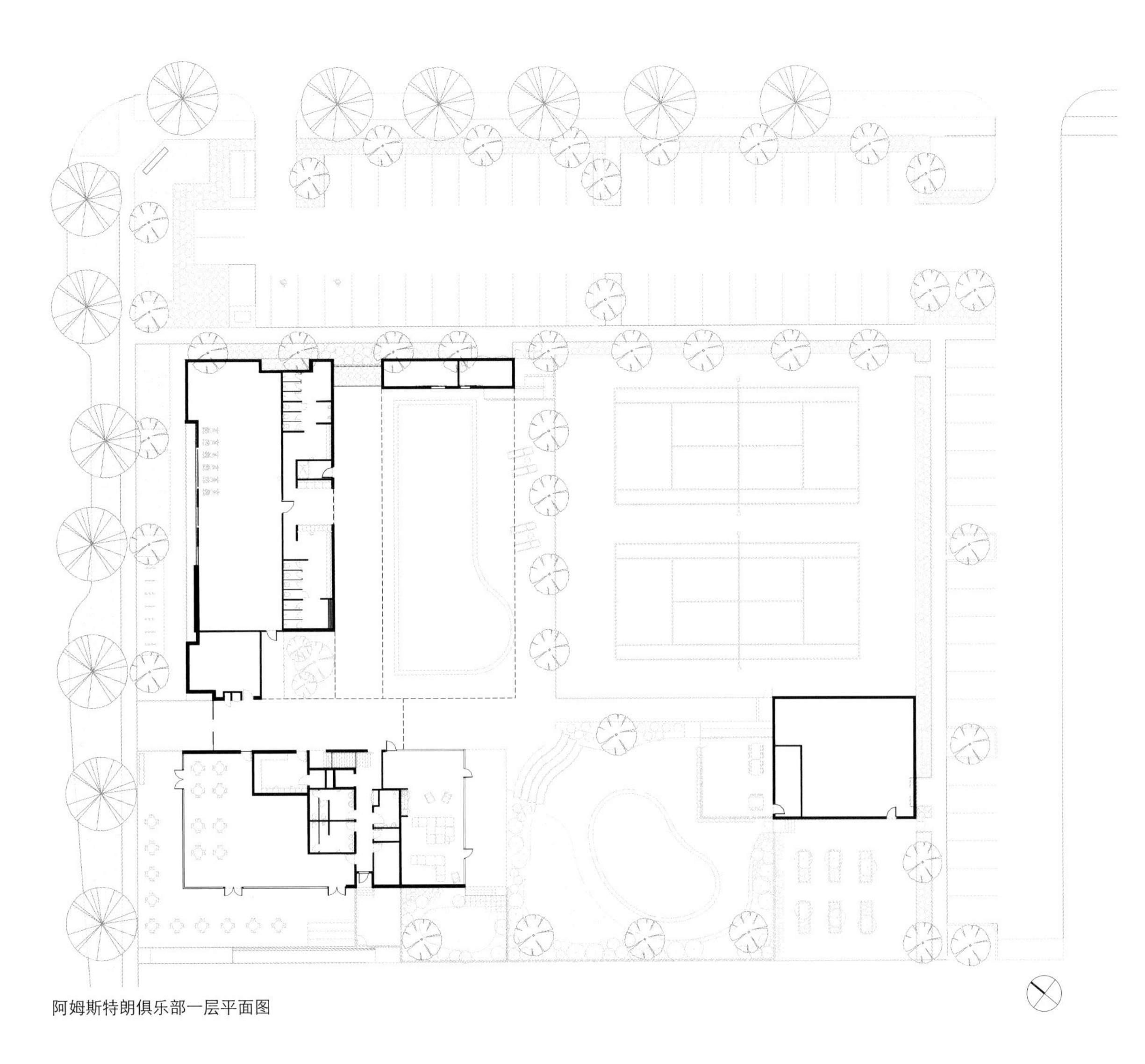
阿姆斯特朗俱乐部一层平面图

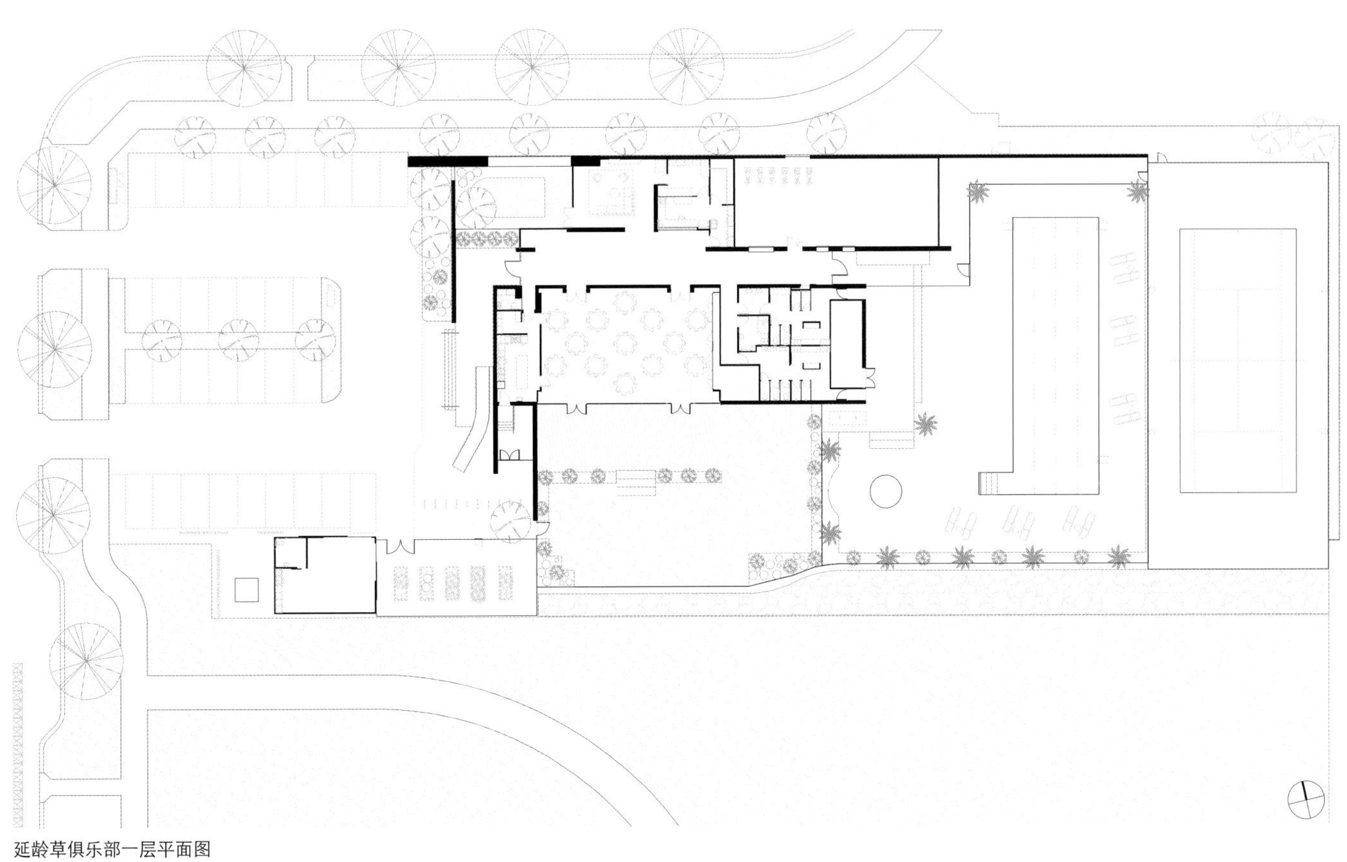
延龄草俱乐部一层平面图

阿姆斯特朗项目：该建筑位于贝拉林半岛吉朗南部杜尼德山附近，即阿姆斯特朗俱乐部建筑群和规划图的角落位置，与另一边的公园相呼应。

AED
EMERGENCY
DEFIBRILLATOR
ARMSTRONG
ALL VISITORS AND
CONTRACTORS

延龄草项目：受20世纪中期建筑的启发，延龄草俱乐部采用的砖、石、木突出了其简洁形式的整洁特征。

诺曼比路住宅区

客户 / 10个现场的所有者团体
地点 / 澳大利亚墨尔本渔民湾
竣工时间 / 在建

这个重要项目肩负促进重大改变的责任，位于一个前工业区，距离墨尔本中心商业区1千米。该区预期将在未来近40年中供8万名居民入住，提供6万个新工作机会，是世界最大的城市重建区之一。

该项目属于由7栋建筑构成的多功能规划，包含10个不同的现场，总面积约为1.3万平方米。海鲍尔事务所最初与一个现场的所有者合作，后来协调多个现场所有者的需求，制定了一个整体规划，以获得更好的城市设计效果和建设成果。

社区从该整体规划获得的净利益是建筑之间创建了许多活跃安全的公共空间，包括多条巷道、一个小型公园和多个小广场。该区建立的这个开发先例为经济适用房计划创造了10套永久产权公寓。

设计的重点是将现有的轻工业特征的不利方面转变成一个具有各种商业空间和住宅类型的高密度住宅和就业中心。真正的综合功能包括多个弹性SOHO空间（小型办公室或家庭式办公室）、一栋用于小规模经营的专用建筑和多个创意孵化空间。公寓类型既有50平方米的一室公寓，也有110平方米的三室公寓，所有公寓内部设施齐全，自然光线充足，通风良好。

每栋楼的建筑结构直接表现该工业区的后工业性质，通过材料的多样化和细节来加以区分和建立建筑个性。每栋建筑反映不同的历史工业模式——船舶、飞机和汽车制造以及化工行业。

为了彻底解决风的问题并减少能源消耗，设计师们在设计多种流线形状时利用了多种气压分布形式。这些流线形状退离街道，丰富了天际线体验。

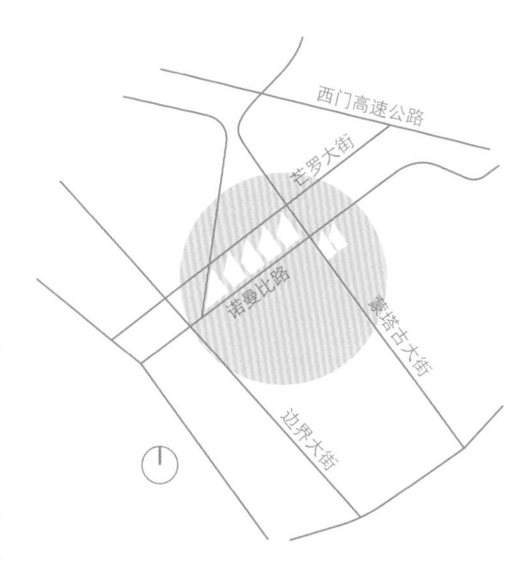

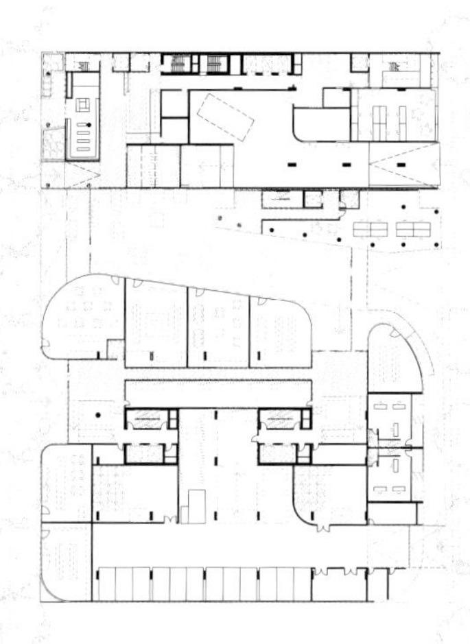

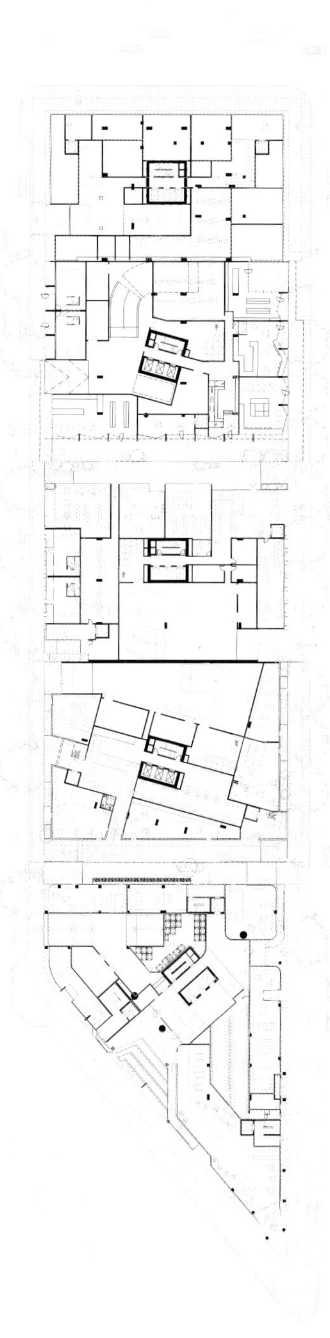

一层平面图

韦斯特伯里街公寓

这栋三层高的公寓楼令人想起水管工及煤气工工会大厦的粗混凝土。这种精心创造的粗犷利用材料的视觉特征，将该建筑与周边大多建于20世纪六七十年代的公寓大楼区别开来。

从街道看过去，粗混凝土、粗锯硬木屏障、粉末喷涂铝合金玻璃窗和无框玻璃阳台构件相互对应，成功地塑造了一个具有极少直接表现机会的长侧立面。粗锯硬木屏障由木片构成，而木片成一定角度倾斜，以保护相邻房产的隐私，同时，木屏障给人一种温暖的感觉，并让阳光射入室内。

建筑的形式表现在停车场入口上方的悬空结构上，隐藏在一楼混凝土和玻璃墙元素之间，渗透于后面连接各公寓楼的一条步行道中。

原生材料的使用延续到了室内，包括现场浇筑混凝土天花底面、集成玻璃和适量的自然光线。

地点 / 澳大利亚墨尔本圣基尔达东区
客户 / HTI建筑公司
竣工时间 / 2015

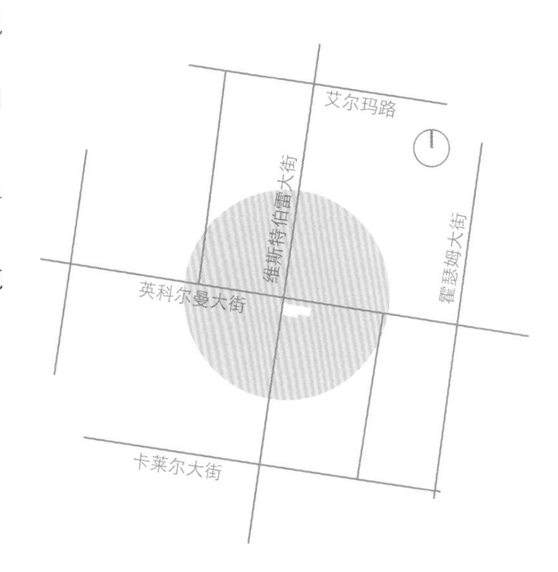

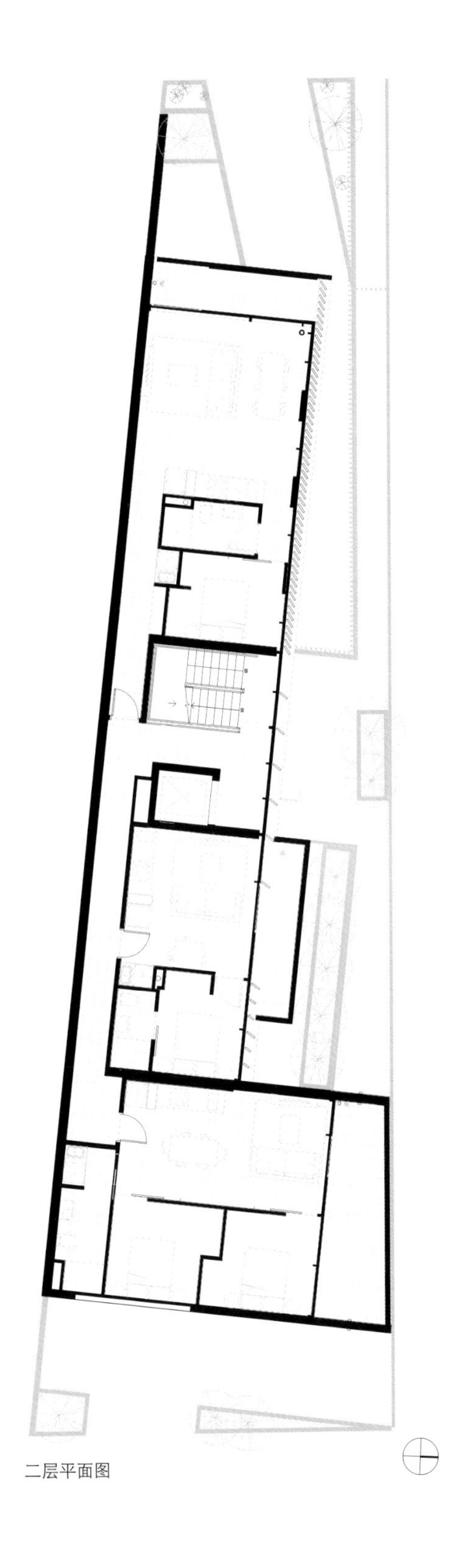

二层平面图

约克郡啤酒厂
改建项目

约克郡啤酒厂改建项目使得当地地标得以恢复活力，如今耀眼地竖立在相当于一个小村规模的新居民区内。这个包括一系列居民住宅的计划在科林伍德区中心地带创建了一个以街区为导向的新区。科林伍德是墨尔本最古老的郊区之一，也是当地制造业的前所在地。

六层楼的原啤酒厂建于1876年，在建成后的十年里，它一直是墨尔本最高的建筑。在对该列为遗产的前啤酒厂进行修复和适应性改建过程中，设计师巧妙地将新建筑嵌入现有结构中。改建重点是优秀的设计质量、居民便利设施和公共开放空间。

新建筑的抽象设计再度强调了该历史性啤酒大楼之前的辉煌。材料的选择——混合采用了木材、裸砖和混凝土——暗示了该现场的过去。

通过减少现场覆盖面积以及在原有网络以外的地方创建更高的建筑形式，该现场在一个480平方米的广场上创造了多个空隙零售空间。广场位于原啤酒大楼的底层，可从街道出入，并与周边相连。一系列的巷道将附近的街道连接起来，并延伸至一楼广场，其上有一家面向公众的咖啡兼熟食店。

该项目包括356套住房，户型有一室和两室公寓，也有三室联排别墅，还有“啤酒厂阁楼式”公寓。精美的生活空间充满了现场的活力和简朴，采用对比鲜明的黑白色彩——与艺术画廊相似——增添了一种现代氛围。砖砌墙体、钢板步道、混凝土面层和机械式固定设施共同构成了对啤酒厂原生活的一种推崇。

地点 / 澳大利亚墨尔本科林伍德
客户 / 澳大利亚SMA项目
竣工时间 / 2015

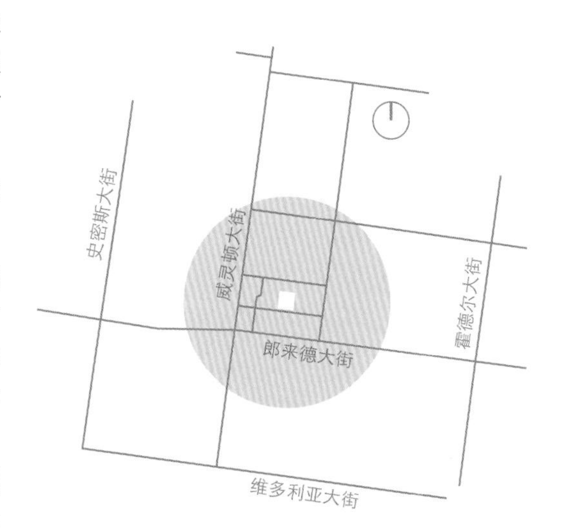

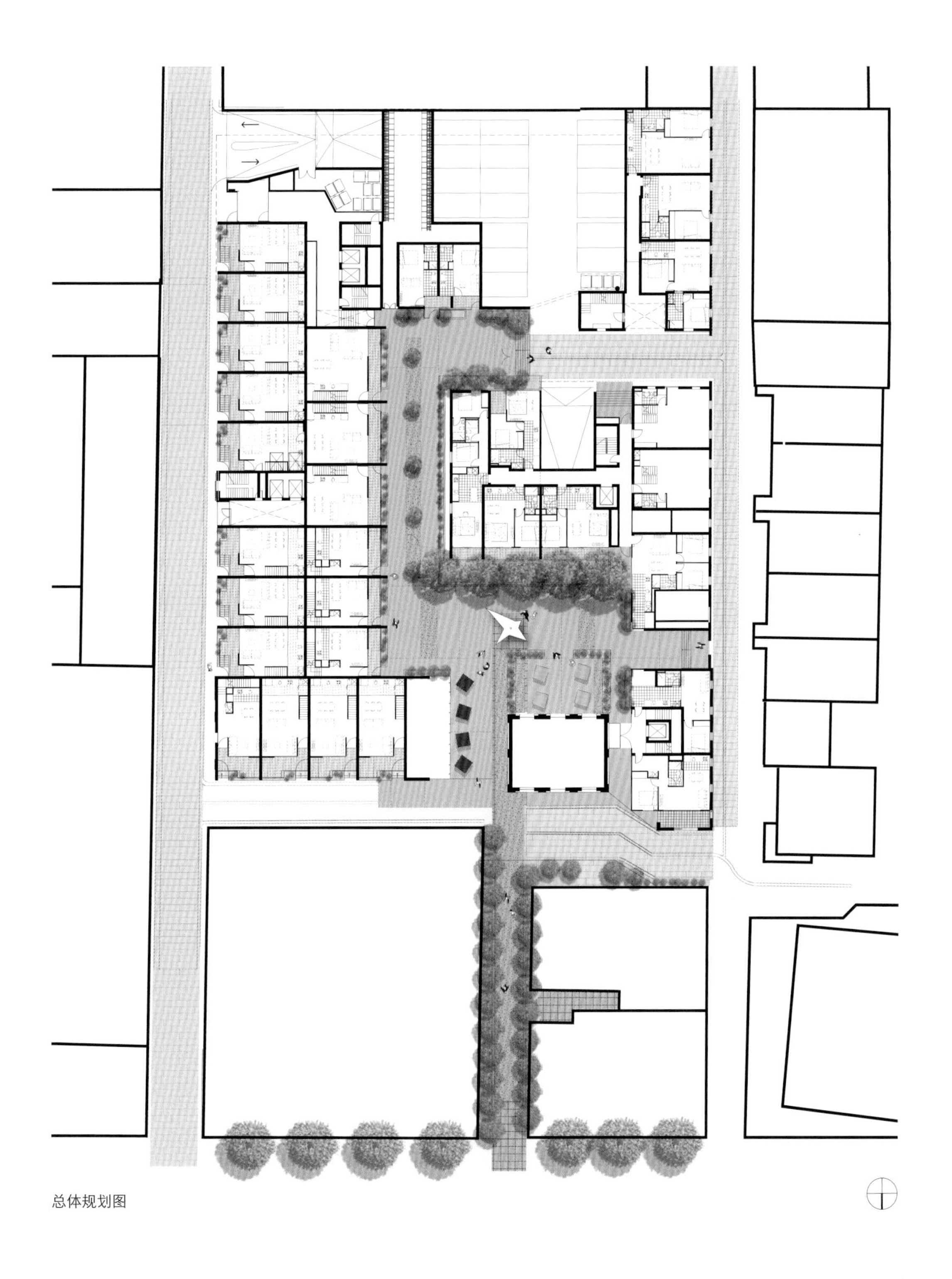

总体规划图

MELBOURNE

莫纳什大学
学生宿舍楼

这个公寓设计方案的重心是创造让学生们参与和“选择”社交活动的多个空间，让他们感觉到真正的舒适和安全，就像在家里一样。它包括两栋新楼，可容纳500名学生。

该项目是建造先进的新学生住宿区计划的一部分，符合该大学的战略性目标，即容纳更多学生并创造更加丰富的校园体验。它有助于实现建成一个密集、活跃的24小时校园的主规划展望，并通过内外空间的连接、结构、材料和社区创造一种地方感和和谐氛围。

每栋建筑都附带住宿侧翼，侧翼由角落“关节”连接，这些空间具有公共功能，非常活跃。“关节”空间宽敞、光线充足、透明度高，展示了那些占用游戏室、楼层休息室、楼梯和走廊的学生们的社交活动，创造了清晰的入口，活跃了一楼正面，标示了主要公共空间的交叉处。从技术上看，平面布局的交叠处“打开了”每栋建筑通往公园的大门。进行了景观美化的多条小路将这些空间与主要步行网络和周围校区连接起来。

形式结构运用了对主导预制立面进行构造的处理方法，以增加多样性并为周边环境增添活力。层叠式立面、较深的孔洞以及材质为阳光在建筑表面的变换提供了舞台。建筑采用的“自然形成”的材料将确保建筑的永久坚固。该项目的设计满足“澳大利亚优秀建筑”生态可持续发展标准，并得到了五星绿星评级认证。

结构、空间、时间和环境效益是通过专用预制多功能立面板，由三个团队合作设计并复制到四栋建筑共1000套公寓的单一概念浴室来实现的。

地点 / 澳大利亚墨尔本克莱顿
客户 / 莫纳什大学住宿服务部
合作公司 / 海鲍尔建筑事务所，理查德·米德尔顿建筑师事务所，建筑师协会
竣工时间 / 2015
获奖信息 / 2016美国建筑师协会维多利亚建筑奖集合住宅类奖；多乐士多住宅类室内设计空间色彩奖

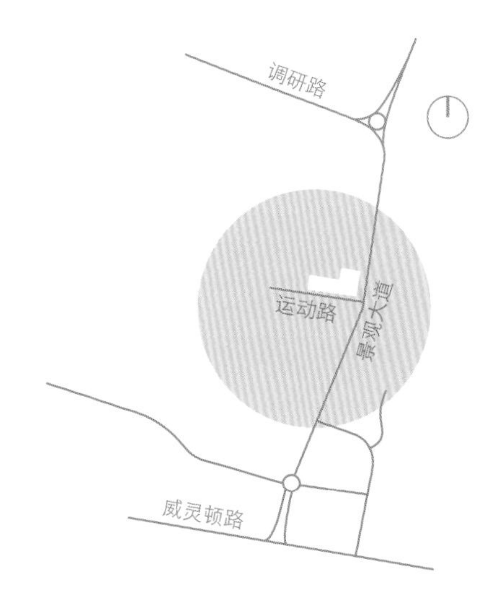

1 水平及垂直遮阳结构
2 维护空间
3 伸缩遮篷
4 预制横梁
5 前侧玻璃立面
6 一层暴露在外的梁腹
7 公共休息室
8 服务区
9 居住区
10 钢制横梁
11 自行车停放处
12 服务区的胶合板天花板
13 照明
14 保护原有树木根系的木质平台
15 树木附近地面的水平高度得到了保留
16 平埋路缘
17 新建共享散步道

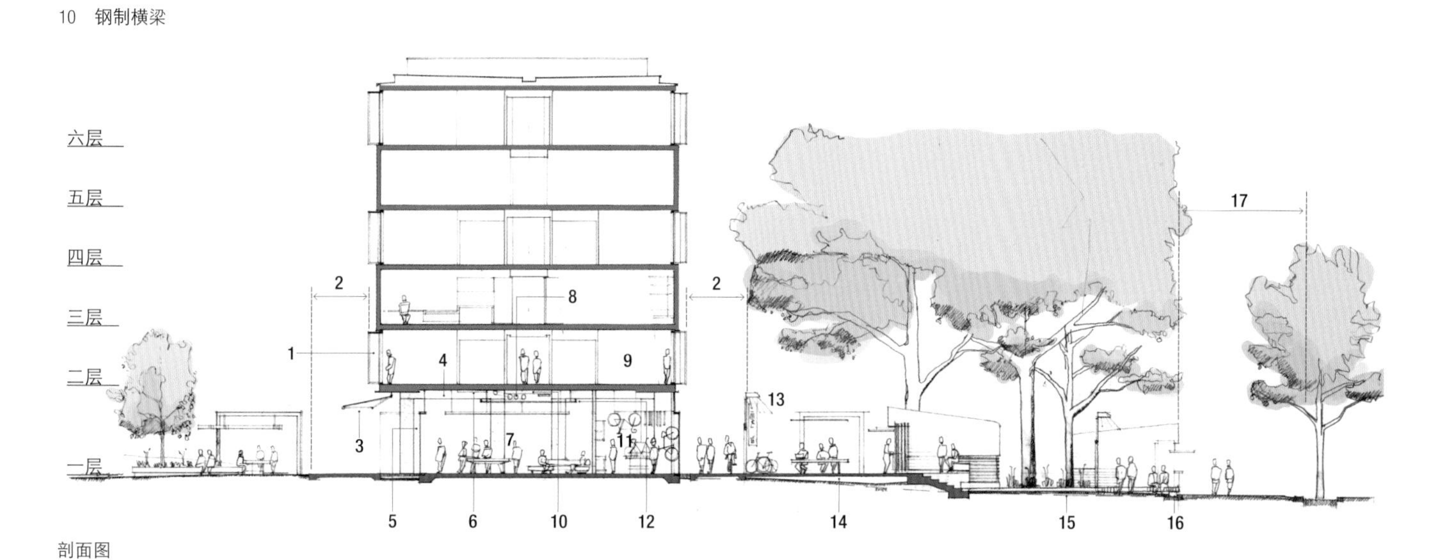

剖面图

1 活动室
2 休息室
3 电梯厅
4 宿舍房型1
5 宿舍房型2
6 宿舍房型3
7 消防梯

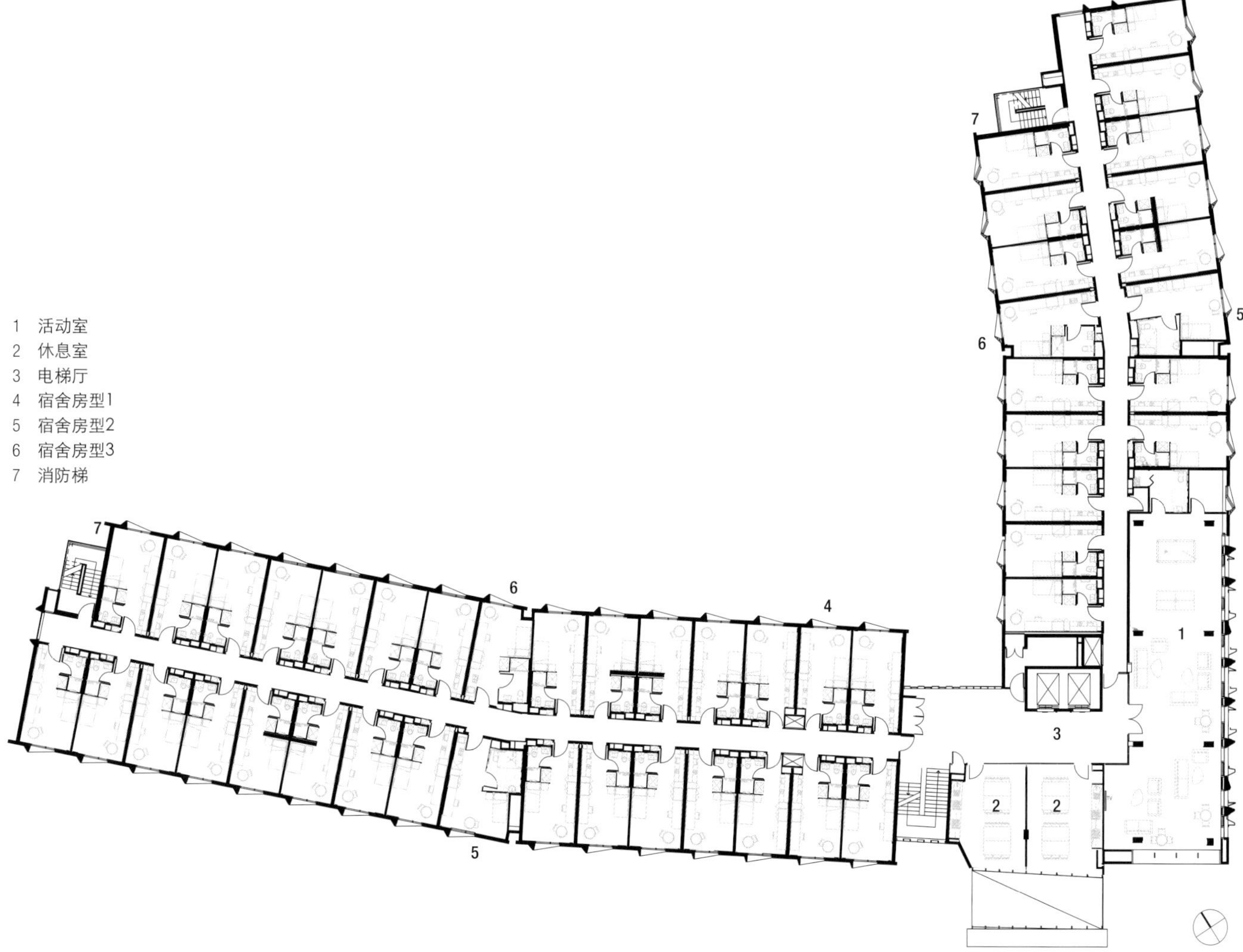

二层平面图

MONASH Bikeshare

堪培拉大学 2015-2030城市计划

堪培拉大学的2030年计划是成为一个“非凡之所”：一所致力于专业教育、应用研究、文化和活动的现代国际大学。根据海鲍尔事务所制定的城市规划，此次转型还有其他目的，那就是使大学融入周边地区，并为堪培拉发展知识经济做出贡献。

该计划描绘了一个总面积达120公顷的开发场地，试图容纳所有学术和非学术项目。对未来需求的重要而详细的研究为制定各阶段规划奠定了基础。概念设计分析了一个“紧凑”有效的学术中心。学术中心不仅保留了重要的景观特征，而且提出修建一系列漂亮的新建筑和空间，以作为未来大学生活的重要环境。

设计过程包括与参与校园开发计划的主要相关方之间的信息传达和合作，以及与来自大学社区的多个利益相关团队进行协商。

该计划制定了一个开发堪培拉大学所占土地的蓝图，提出将教育和研究活动的经济潜力与一系列辅助活动结合起来。开发成果将是一个结合教育、研究、卫生和相关业务的可持续、有成效的环境。住房、宾馆、零售店、运动和休闲设施均有利于激活这些区域，创造在规划环境中工作、学习和生活的选择。该计划将创造与原始林区相邻的野生动物走廊，加强对重要生态和历史遗迹的保护，从而有计划地增加生态价值，进一步提升自然遗产。

地点 / 澳大利亚堪培拉
客户 / 堪培拉大学
竣工时间 / 2015

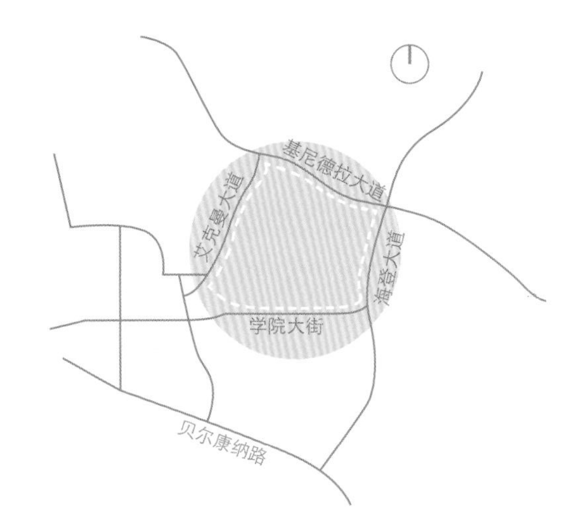

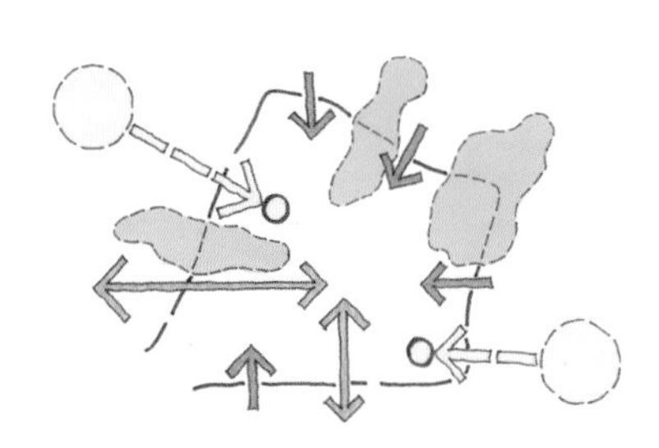

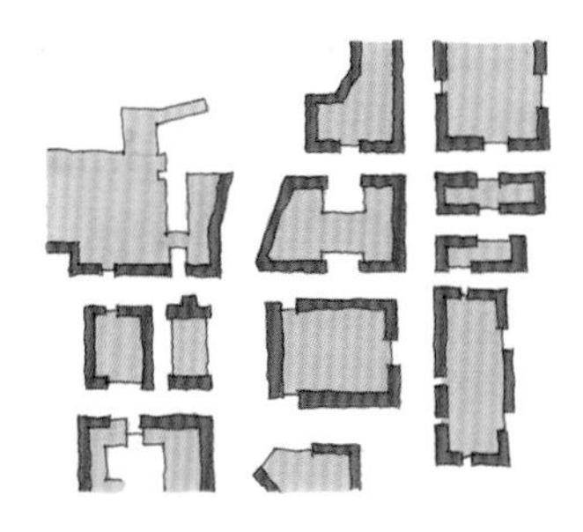

主题1：环境和社区

移除障碍

移除校园周边存在的实际障碍和潜在障碍，为所有相关者——包括大学师生和其他人——体验和欣赏校园提供方便。

独特的潜力

开发校园的所有已确认的独特潜力，为在校师生和来自其他地方的游客体验和欣赏校园创造机会。

清晰的愿景

在早期清晰地展现整个校园的未来潜力的愿景，可以通过提供初始结构和活动或过渡功能来实现，以建立和反映未来格局。

主题2：功能和协同

功能+协同

以确认协同各种功能的机会，包括学术和非学术功能。利用协同定位创造地方营造的机会。策略性地定位非学术功能，确保校园的合适区域在任何时间的人口密度以及他们的活动。

紧凑型校园

帮助在城市规划中心建立一个紧凑活跃的学术中心地带。该地带的建筑和空间采用细密肌理构造，以保持校园的重要景观特征。

永久性——完整度

创造一个灵活动态的环境，以满足重要需求，通过功能、形式和细节创造一种永久性。这与城市规划的早期阶段具有极大的相关性，所有开发阶段应努力营造一种“完整感”。

主题3：建成形式

激活的空间

确保新开发方案探索各种模块结构和建筑选址策略；鼓励提出积极方案，以处理地面层带有可通行和激活边缘的空间以及清晰的正面和背面空间。

地形呼应

合理利用校园地形，为敏感适合的建筑选址和设计策略创造机会。在可能的地方保留重要的原有地形特征。

设计机会

创建一个能够产生创造性高质量设计的环境。确保根据所产生建筑和景观建筑的潜在特征对所有空间和组织构造进行了充分思考。确保城市规划能够调动设计师利用所有机会，设计出优秀的作品。

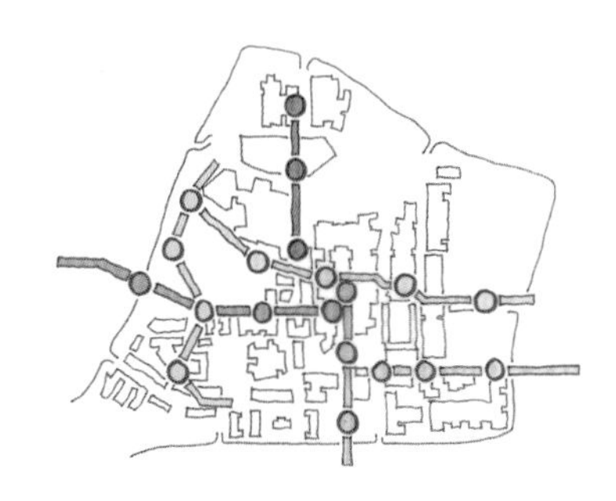

主题4：公共领域

综合景观

延伸景观内涵，使其包括一个综合建成形式的方案，结合绿化、材料、饰面、颜色、艺术和纹理来丰富公共领域体验。

以人为本

建立空间层次结构，有效地容纳各种以人为本的活动，包括步行、站立、停留、就座，以及欣赏、聆听、交谈和娱乐的机会。

主要空间设施

提供各种主要空间设施，即节点空间。各种建筑和功能可围绕这些节点聚集起来，并融合重要设施和目的地。“社区步道”被视为一种遍及校园的空间设施。

主题5：运动和通行

通行路线

考虑和设计场内所有可能的通行路线，并思考它们与连接周边环境的更宽通行路线的关系。

循环网络

为步行者、骑行者、轿车和公共交通创造一个合理的综合循环网络。确保学术核心地带和相邻区域的设计允许步行和骑行，而不是机动车通行。

采用混合模式交通

提出改善措施，这些措施应承认轿车出行在满足未来交通需求中所扮演的重要角色，并在探索各种可能的经济、组织和空间策略上，尽可能减少轿车出现在校园中所带来的负面影响。

主题6：环境效应

综合管辖区规模的可持续性

确认景观和建成形式所蕴含的可持续性潜力，特别强调减少材料使用、水资源保护和垃圾管理，包括采用被动措施，如合理的定位、有效的空间规划和自然空气对流。

可持续性的体现

确保所有环保措施清晰地体现在建筑和空间的形式和设计中。

海湾住宅楼

这座精美的建筑坐落在一个大型海湾边缘现场上，是在现有的爱德华式寓所的基础上增建的结构。它既能满足复杂家庭的需求，同时又在市政府保护遗产的期望以及现代建筑设计之间取得了平衡。

设计纲要要求修建一栋具有弹性的房子，以同时容纳客户家庭的三代人在同一栋楼居住的要求，同时还留出了待客和娱乐的空间。它还清楚地表明了希望表现该建筑的材料以及建筑施工精华——这尤其重要，因为业主与建筑行业具有非常紧密的关系。设计师由此得到启发，使用原生态材质施工技术，包括利用粗锯木模板现场浇筑的混凝土、无浆装饰石墙和彩色斑皮桉木屏障。

从街上看过去，这栋两层楼结构显得与原建筑有所不同，但又反映了原建筑。从背面看，该楼成了包围现场后方的一层新边缘，并创造了带有游泳池、草坪和一个室外壁炉的宽敞的朝北庭院。建筑下方是一个地下室兼车库，由一段楼梯与上方的主生活区和卧房区连接起来。此外还有一台电梯将三层楼连接起来。

原住房以及原内装都加以修复，通过隐性照明、装饰景观和对比鲜明的材料与新结构构成了非常清晰的过渡。从功能看，该住房的爱德华式入口成了更加正式的迎宾入口。

地点 / 澳大利亚墨尔本
竣工时间 / 2015

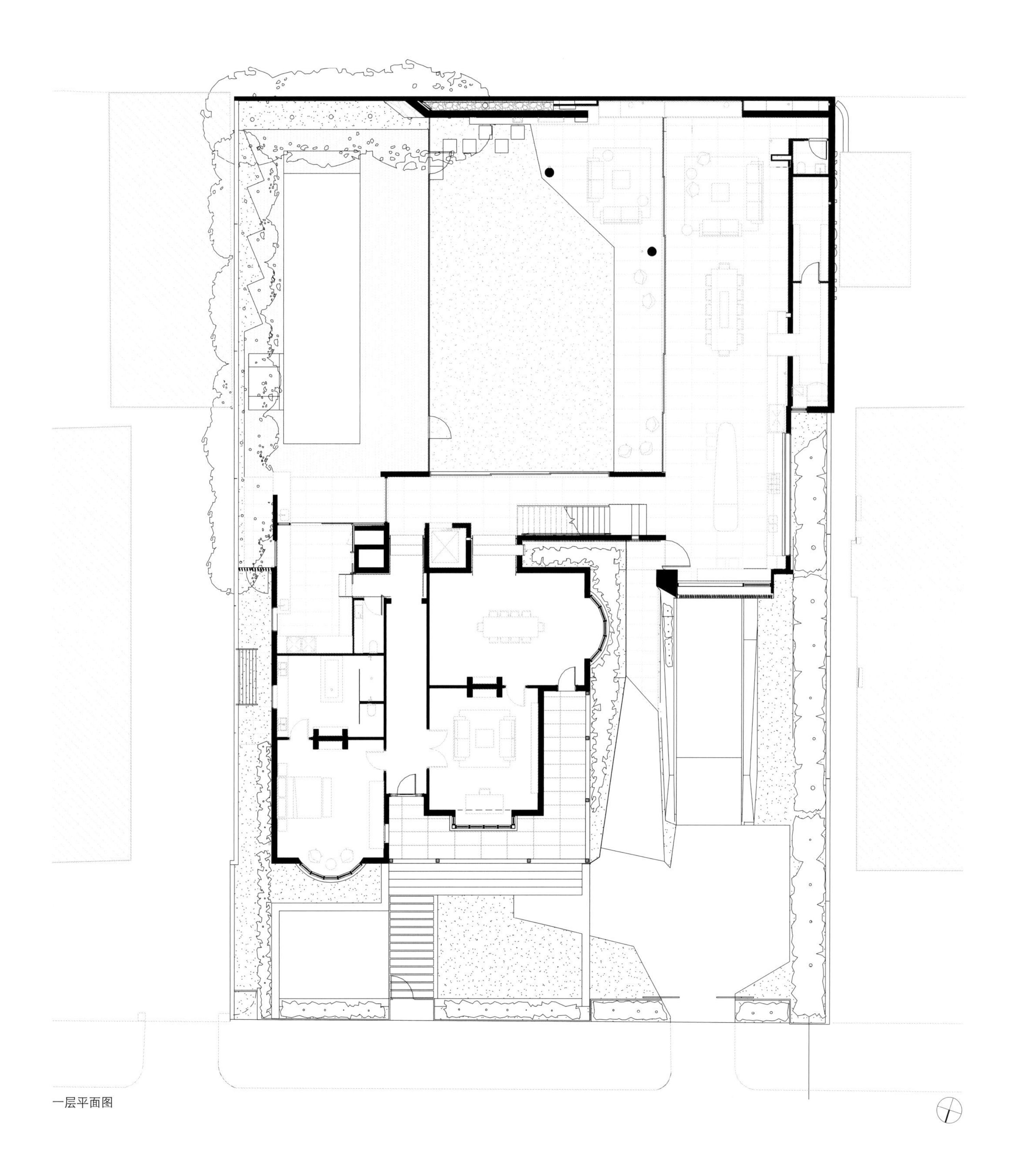

一层平面图

波因特·朗斯戴尔海滩别墅

这座海边别墅掩映在一小片盘根错节的穆纳树林中。别墅采用简洁形式的主要原因是为了保留作为现场建筑特色的树木。如同位于莫宁顿半岛的穆纳·林克斯度假村一样，该建筑体现了贝拉宁半岛城镇绿色海边环境的精神。

明确的设计要求是修建一所能够容纳举办大型家庭聚会的家庭住宅兼海滩休憩寓所。规划主要围着现场的树木进行，特别是围绕一棵树而建，以创造生活、聚会、休息和游玩的区域。根据从事城市和社区设计的大量经验，海鲍尔事务所诠释了该别墅的不同模式是如何适应或大或小的群体需求的。

一个鲜明的立面正对街道，而前花园则向外延伸，直至街道——这种结合营造了存在感和安全感，同时又鼓励别墅占用者与街道和邻居进行互动。屋顶向正面缓慢倾斜，最终使房屋隐入绿色现场中。正面围墙的大门是常见的澳大利亚式后门。人们可以穿过这个简朴而亲切的入口直接前往室外浴室，然后再由走廊构成的非正式通道进入内部庭院和生活区。

材料的使用反映出了适应环境、牢固、温暖的空间设计要求。木材在这座建筑中得到了大量应用，因为它适用于这种环境，它的丰富色彩给室内带来另一种温馨，而耐磨的混凝土地面则表现了弹性。建筑外部的木饰面将自然老化，逐渐变成灰色，最终与海边景观融为一体。

地点 / 澳大利亚维多利亚波因特·朗斯戴尔
竣工时间 / 2015

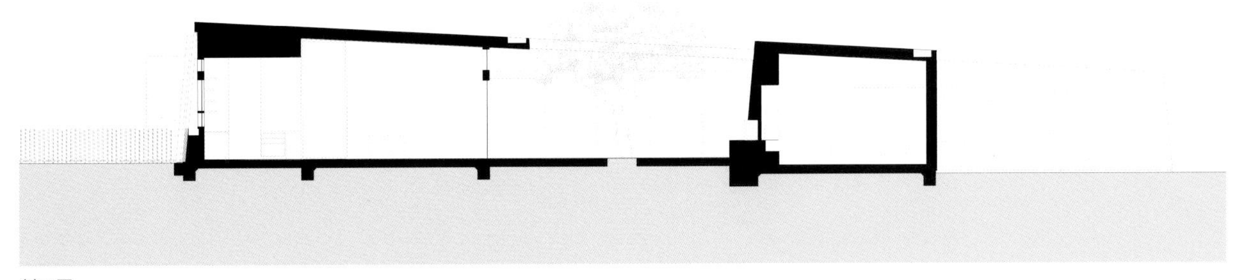

剖面图

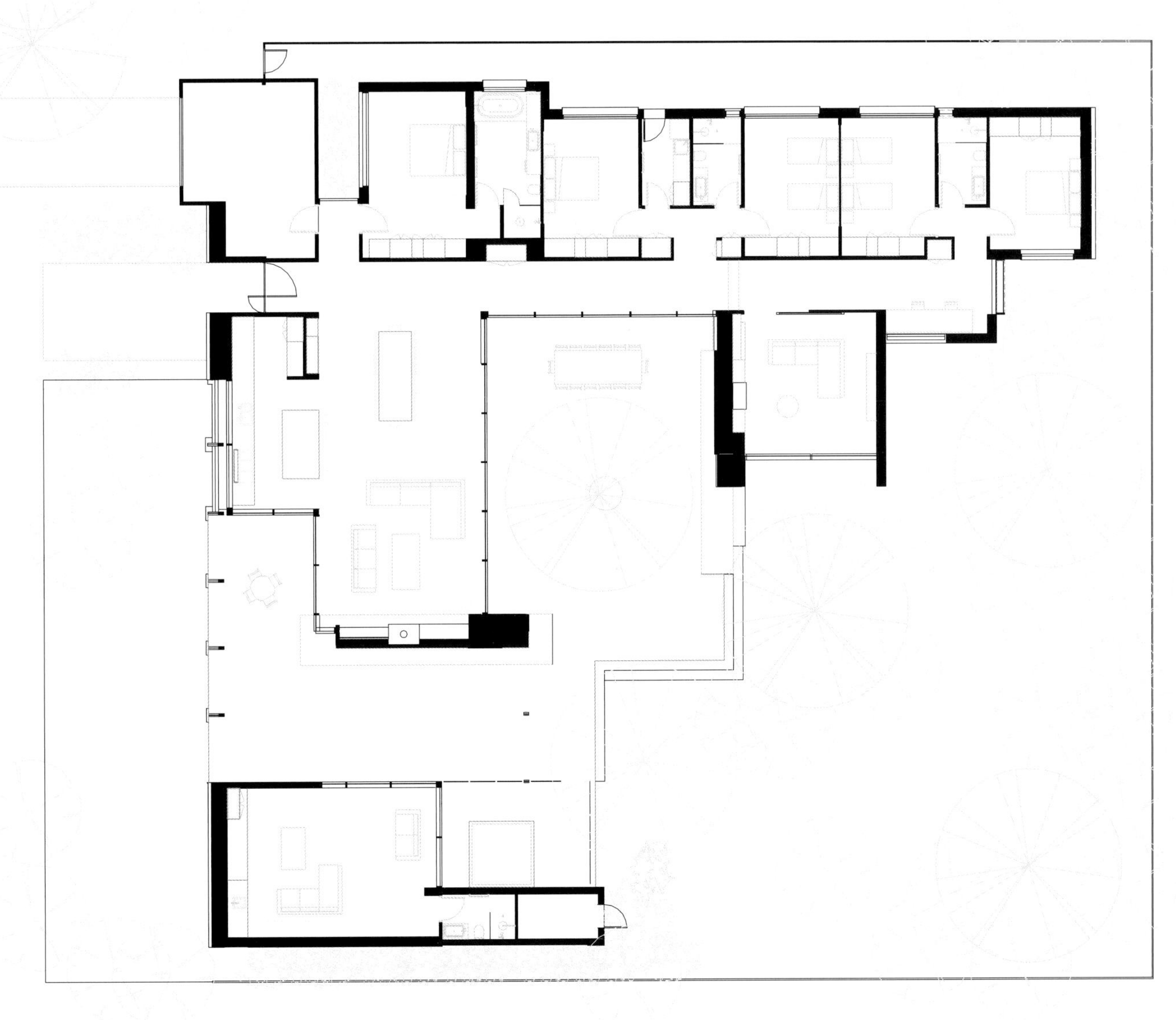

一层平面图

布拉沃公寓

布拉沃是一个密度适中的住宅区，距离墨尔本中心商业北边仅有0.5千米。它的公寓类型不同于普通设计。研究表明有必要设计能够容纳较大家庭的公寓，同时，修建这种公寓也是对人们独居或离家工作的趋势的一种应对方式。业主是一家三代家庭共同经营的建筑公司。他们也理解这种不断变化的人口状况，并准备采用不同于当时普通住宅的模式。

他们将目标客户定位在身份地位相差极大的居住者身上，因此将多样化和弹性放在首位。设计思想是塑造一个内城垂直村庄，由108套住房构成，推出三种主要住宅类型以供选择：SOHO住宅、弹性公寓和空中联排别墅。

五套SOHO（小型办公室或家庭式办公室）复式公寓带有两个入口（包括街道独立入口），可满足不同的需要，包括以家庭为基础的经营活动、多代家庭居住或改建成两套住宅的可能。

弹性公寓的平面布局经过了仔细规划和排列。这些一室或两室公寓由比例协调的房间构成，而房间可以利用全高、超宽推拉木板和连接件改装成具有不同功能的空间。

上部楼层由可改装的三卧室套房构成，面积达150平方米。排屋具有两层，带有宽敞的朝北露台。

双层高正式入口欢迎人们的到来。走廊宽敞，阳光充足，通风良好，公共屋顶露台成了生活空间的真正延伸，具有各种不同的布置。

关注街道界面并保留精美的城市纹理是以创建活跃的城区为目的的。这样的城区拥有方便步行的设施和真正的居住环境。布拉沃公寓统一的建筑形式和园林景观提升了街道的功能价值，使之成为与相邻大学区相连的一条主要步行通道。

地点 / 澳大利亚墨尔本卡尔顿
客户 / 沃恩建筑公司
竣工时间 / 2014
获奖信息 / 2015年美国建筑师协会维多利亚建筑奖集合住宅建筑类奖

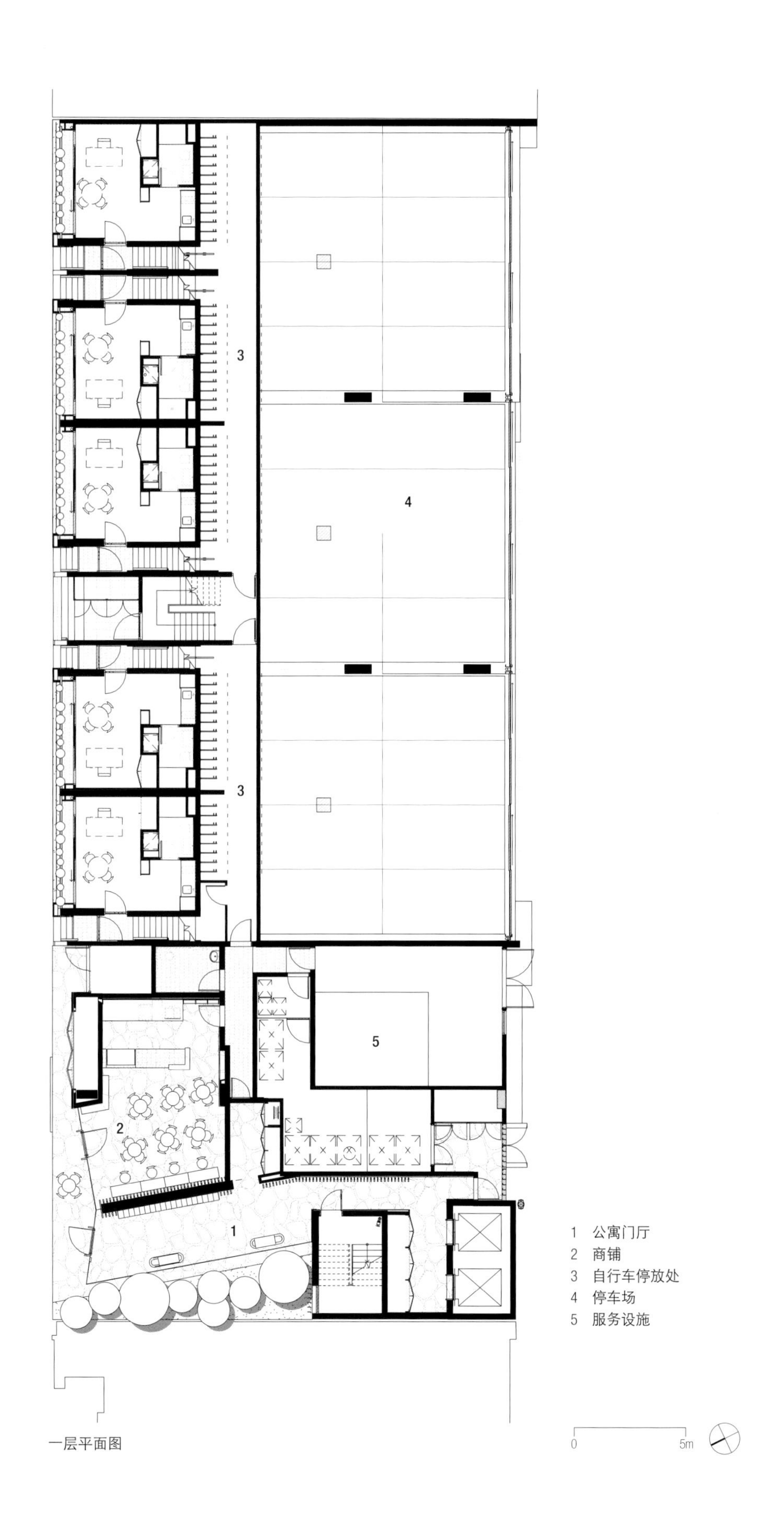

一层平面图

107

123

123

MY80大厦

MY80大厦是位于墨尔本中心商业区的一栋55层公寓大厦。该大厦由零售空间、商业住宅和487套公寓构成，成功地插入了一个狭窄的城市现场。该项目位于该城一个活跃且快速地不断发展的部分。这里，高层住宅楼和越来越多的住户构成了一种高密度、可步行的街区。这些周边环境特征对这栋公寓大厦的室外和室内设计非常重要，而且是该建筑功能不可分割的一部分。

共享空间丰富了大厦的活动，而这些活动为居民提供了一系列的生活服务，能够满足各种高层居住者的需求。公寓被设计成经济型，带共享区域，提供了宽裕的专用空间，这些空间方便了私人公寓生活。

核心设计思想之一是塑造一种结构清晰的形式以及由此产生的“正反”交替的节奏。建筑形式的折叠几何结构表现在大厦的主要横向连接上，建筑的不同楼层之间采用流体垂直元素构成一种自然连接。

室外设计思想反映在整体室内设计上，从线型灯具到墙体和隔板的弯曲，还有这种“正反”主题，使得座椅看似从墙体上雕琢出来的，而不会附在墙面上。

确保连通楼层之间的活动的思想也是设计概念的重要部分，而公寓和公共区域占用的墙体或活动墙体则构成了垂直连接。

通过独特的形式、材料和连接，该项目的高质量设计成功地克服了公寓面积的限制，表现了小型空间也能像协调统一的社区一样繁荣发展。

地点 / 澳大利亚维多利亚墨尔本
客户 / 猛犸帝国
竣工时间 / 2014

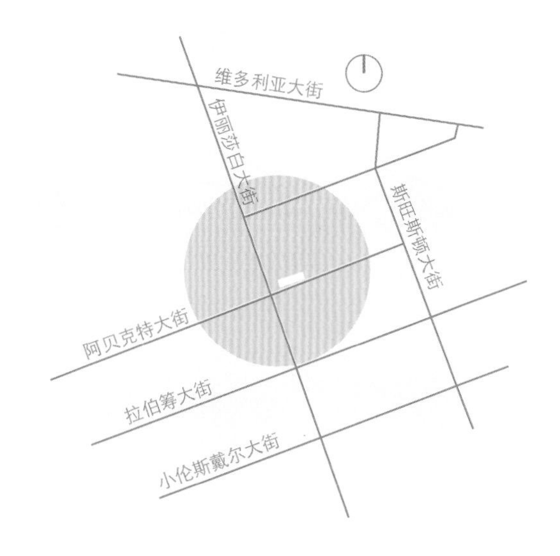

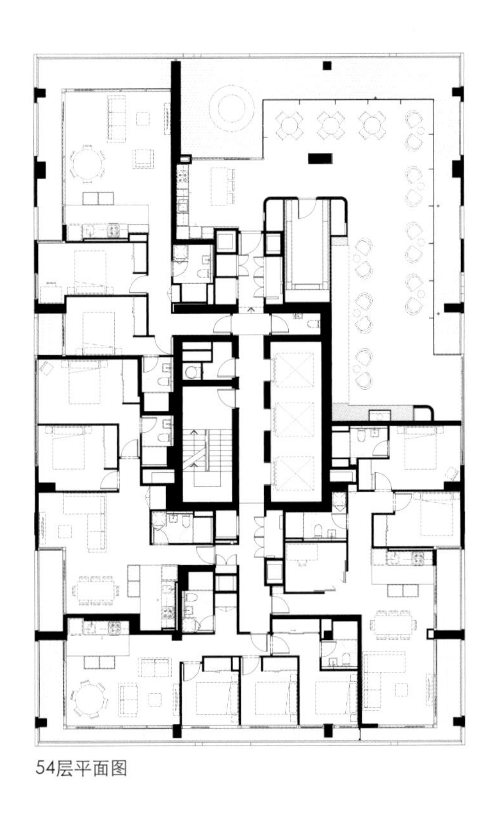
54层平面图

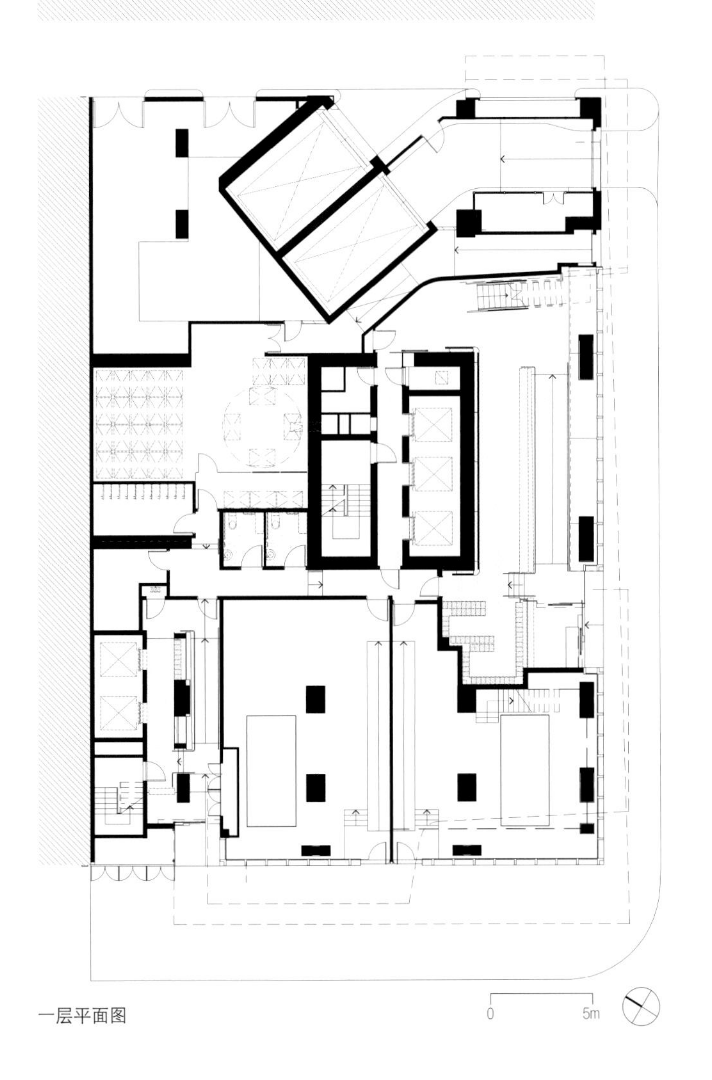

一层平面图

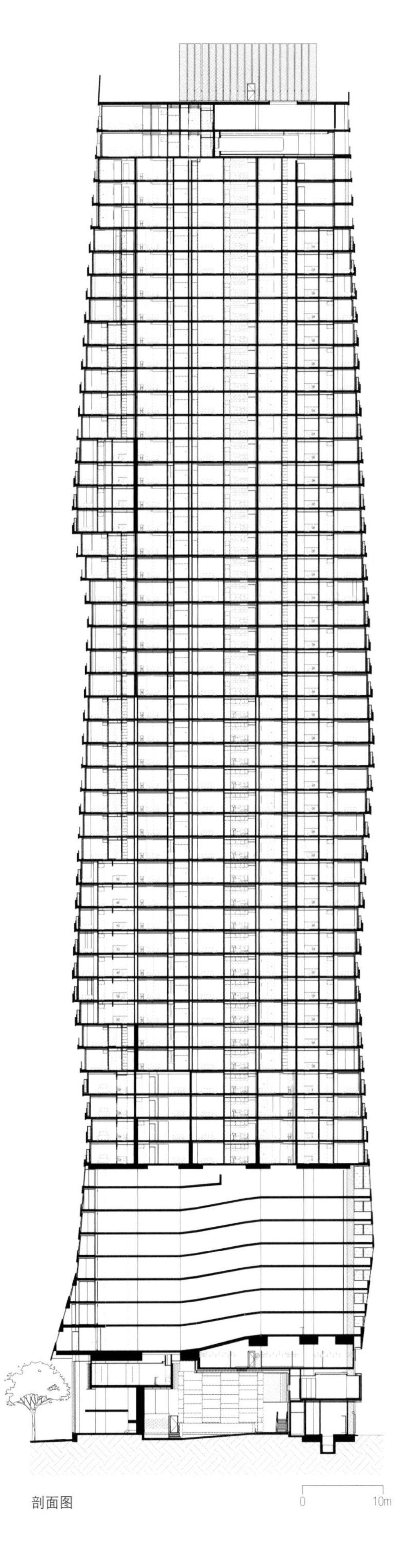

剖面图

RIGHT TURN FROM LEFT ONLY
ALZHEIMER'S AUSTRALIA
FAIRWAY
ALL TIMES
La Trobe St
WELSH
WAIT

410
1 & 2 BEDROOM
APARTMENTS FROM
INTERIORS BY HECKER GUTHRIE

亚拉谷文法学校科学和数学大楼

海鲍尔事务所受委托设计一座新科学和数学大楼，因为原科学设施在一场大火中被烧毁。该项目标志着海鲍尔事务所与亚拉谷文法学校自2002年便开始长久合作开发创新教育设施的一个巅峰。

海鲍尔事务所与亚拉谷文法学校已经合作了十多年，共同参与了两个主要项目和八座建筑工程（参考亚拉谷文法学校早期教育中心，第120页）。尽管领导阶层和学校的愿景已经有所变化，但海鲍尔事务所的设计思想却一直未变：那就是以学生为中心，以校园和城区为焦点，支持现代教学和学习。

这栋两层楼新设施将科学学习和教学空间放在一楼，而数学空间放在二楼，此外二楼还有10年级和11年级学生所用的社交空间。这些空间被设计成一个询问、实验、跨学科学习、团队聚会和展示的场所。

建筑的核心是一个巨大的双层高开放学习中心，通过一个层叠展示空间连接两个楼层，以促进跨学科学习。其主要设施包括六个多功能实验室，附带两个准备区，还有一个带静态和数字显示的科学走廊、一个安装了可折叠座椅的多功能演讲厅和一个室外实验室兼园艺花园。

从建筑看，棱形是自然中可见的数学几何图形的一种视觉暗示，而几何图形促进并启发了该建筑的设计。室内空间开放、明亮，其形式与阶梯式起伏、悬空于学习空间上方的屋顶形状对应。混凝土建筑结构也得到了表现，玻璃得以大量应用，从视觉上联系不同空间。暗色和中性色调与用于界定不同设施区的强烈的鲜亮颜色相互协调。

建筑设计综合采用了一系列节能措施，以减少能源消耗。许多措施都是说明性的，以帮助学生学习。

地点 / 澳大利亚维多利亚灵伍德
客户 / 亚拉谷文法学校
合作方 / 墨尔本大学本·克利夫兰博士
竣工时间 / 2015
获奖信息 / 2015年维多利亚州CEFPI教育设施规划奖新建筑/新单体设施类奖

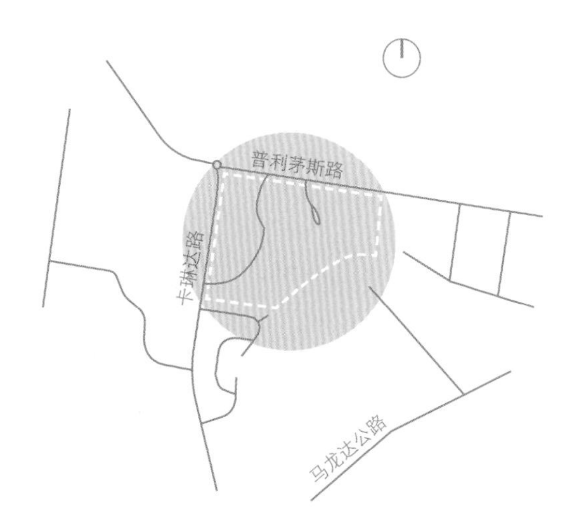

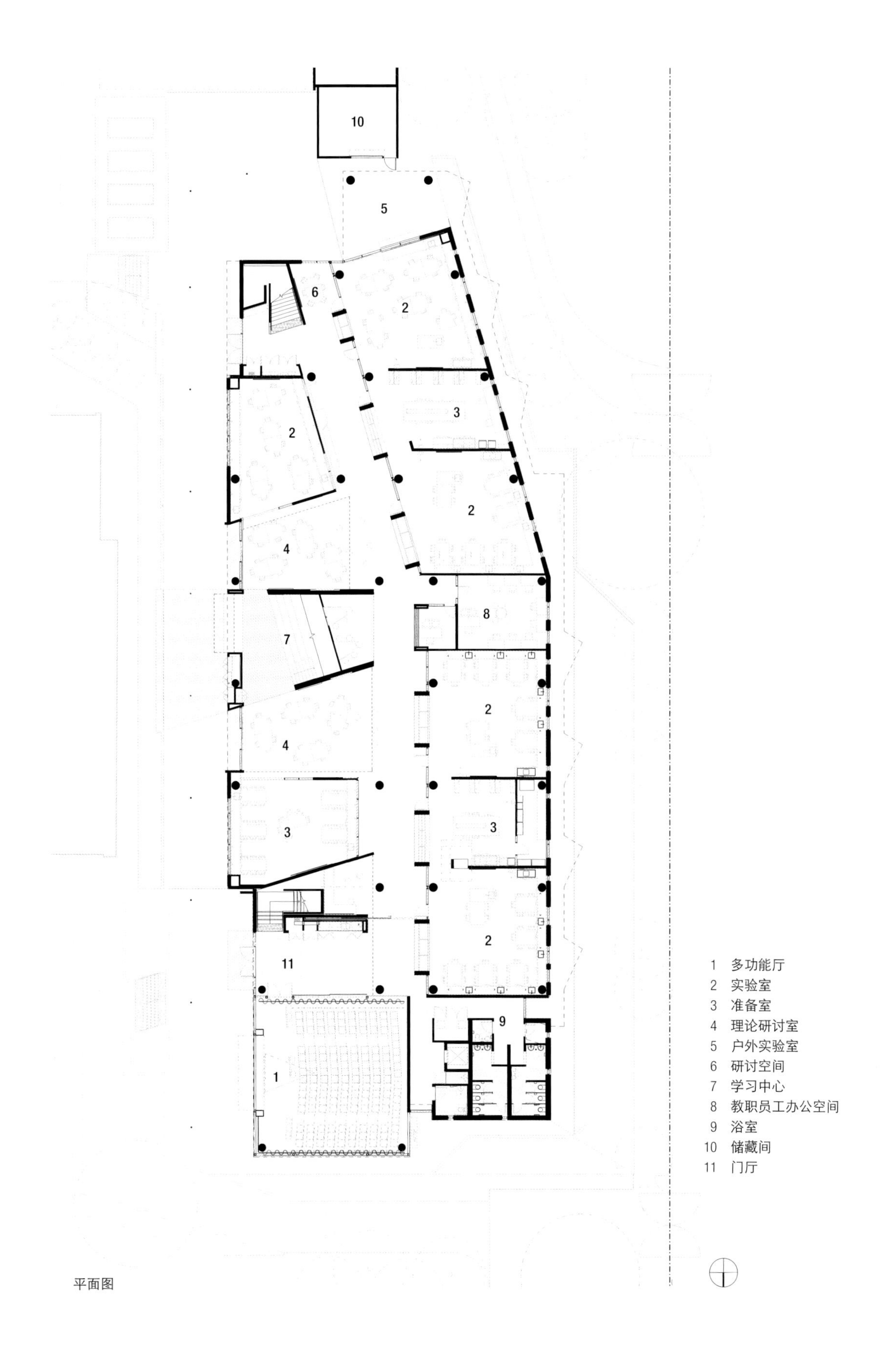
10
5
6
2
3
2
4
7
4
8
2
3
3
2
11
9
1
1 多功能厅
2 实验室
3 准备室
4 理论研讨室
5 户外实验室
6 研讨空间
7 学习中心
8 教职员工办公空间
9 浴室
10 储藏间
11 门厅

平面图

HOSE REEL
FIRE
INDICATOR
PANEL

亚拉谷文法学校早期教育中心

亚拉谷文法学校通过新建的早期教育中心引进早期教育，建立了从学前教育到12年级的完整学校教育系统。早期教育中心是为该校学生父母提供全阶教育计划的一个重要部分，而亚拉谷文法学校试图从实际和象征意义上使该中心成为学校的主要入口。

早期教育中心位于主入口大门附近，其设计试图创造一种作为学校“门房”的重要建筑表现。设计创造了强烈的存在感，并采用醒目的现代建筑形式，利用大量混凝土砌块材料。

该中心包括3个游戏室，可容纳72名儿童，另带有附属空间，以为未来增建房间提供方便。

游戏室设计成明显的朝北布局，可从一个弧形纵向承重墙进入。承重墙将公共区与专用区隔离，一直延伸至由一个开放厨房兼小型聚会区构成的休闲区。这不仅为早期教育中心的儿童提供了一个上学前后可待的空间，还为父母聚会提供了场所。

设计培养了一种集体感，并鼓励主动学习和游玩。建筑外壳的洞口经过了精心的排列，以框住附近成年桉树以及远处丹顿农山脉的景色。所有游戏室都与室外景观美化游玩区直接相连。

地点 / 澳大利亚墨尔本灵伍德
客户 / 亚拉谷文法学校
竣工时间 / 2009

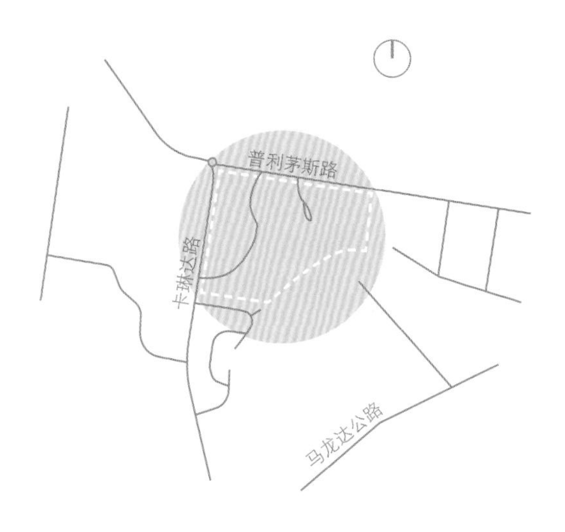

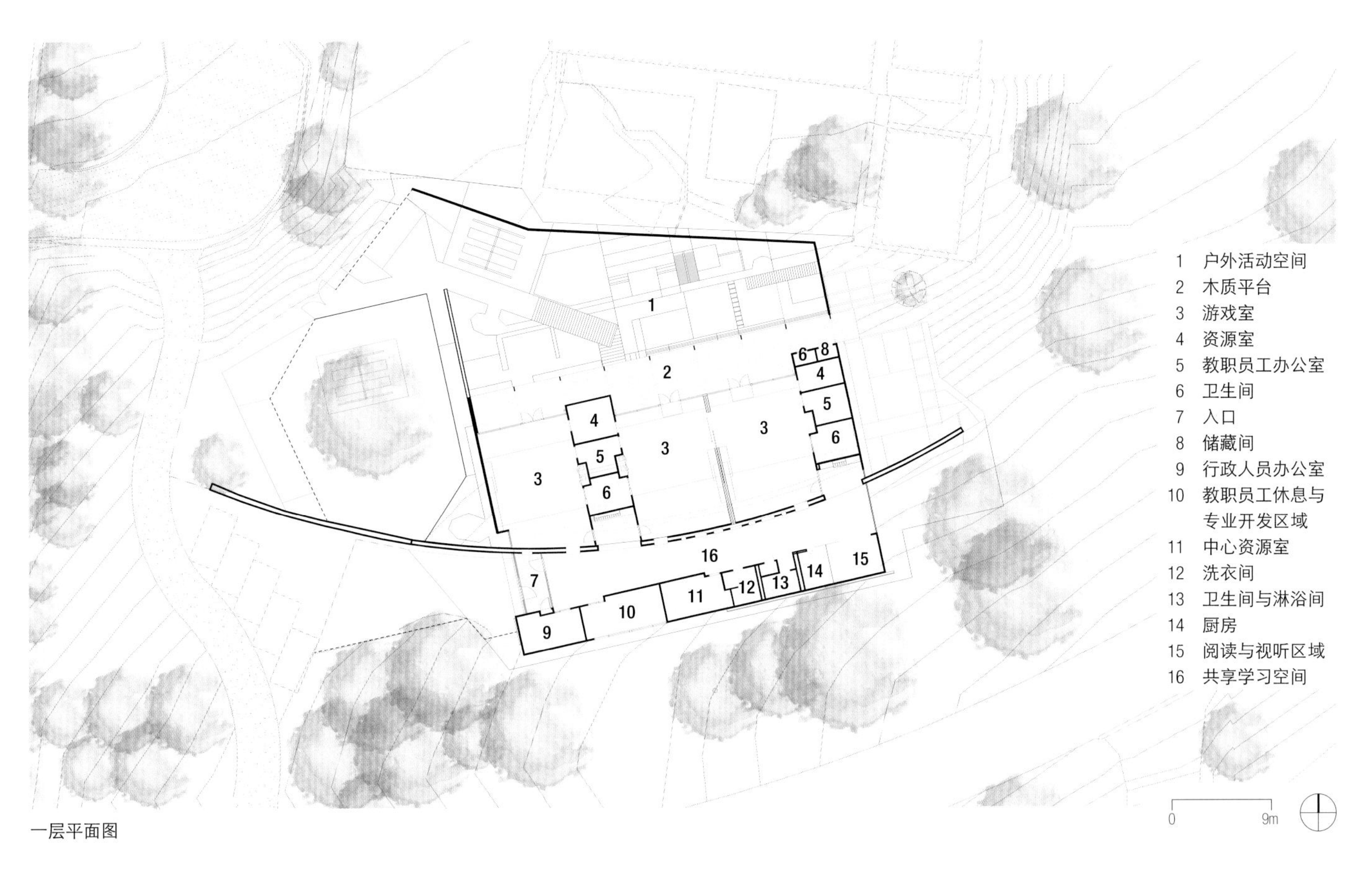
1 户外活动空间
2 木质平台
3 游戏室
4 资源室
5 教职员工办公室
6 卫生间
7 入口
8 储藏间
9 行政人员办公室
10 教职员工休息与专业开发区域
11 中心资源室
12 洗衣间
13 卫生间与淋浴间
14 厨房
15 阅读与视听区域
16 共享学习空间
0
9m
一层平面图

1 高年级学生活动中心
2 7岁儿童活动中心
3 YARRA咖啡厅
4 早教中心
5 小学部建筑
6 礼堂
7 布鲁克 · 尼古拉斯展示馆
8 数学与科学馆
新建建筑
翻新建筑
总平面图

HAPPY
BIRTHDAY

格莱斯顿街区规划

这个重要的城市重建项目位于一个内城现场，面临许多技术难题。其重心是通过紧缩型综合项目建立社会连接。

海鲍尔事务所最初受三块相邻土地的所有者们委托，为蒙塔古区一个占地2公顷的分区做总体规划。该区位于墨尔本渔民湾城市重建区，距离亚拉河南岸中心商业区不到1千米。

分区总规划师的头衔意味着可以制定一个协调方案来改善公共空间，包括一个新景观绿化公共空间、一条新南北通道和街道景观改善。分区总规划是在与州和当地政府以及水资源管理局经过大量讨论后制定的。

MAB公司还进一步委托海鲍尔事务所进行详细的方案设计。该设计方案将其占地0.6公顷、邻近格莱斯顿街的土地分为三个阶段进行开发。此外，MAB公司还邀请海鲍尔事务所对以多功能墩座墙为基础的三栋住宅楼进行建筑设计。

设计反映了这个新兴城区的独特环境。建筑的规模和材料表现了该区的良好基础设施，而所有墩座墙楼层均布置精美的多功能活动设施和绿色植物，用以为这个不断变化的区域提供便利。

该复合结构试图利用现场的线型形状修建三个界定清晰的元素——每个元素都包括一座独一无二、细节丰富的大楼和一座与相邻公共空间相关的综合墩座墙。这种综合概念从宏观层面看是“城市—城区—港口”的象征（也就是说该场地从一个角度抬高了看向城市的视觉通道，另一方面也提高了看向港口的视觉通道，而城区是项目场地所在的街区），而从微观层面看，该概念创造了一种适应于城市的表现，充满了创建各种建筑和公共空间的机会。

地点 / 澳大利亚墨尔本渔民湾
客户 / MAB公司
竣工时间 / 2014

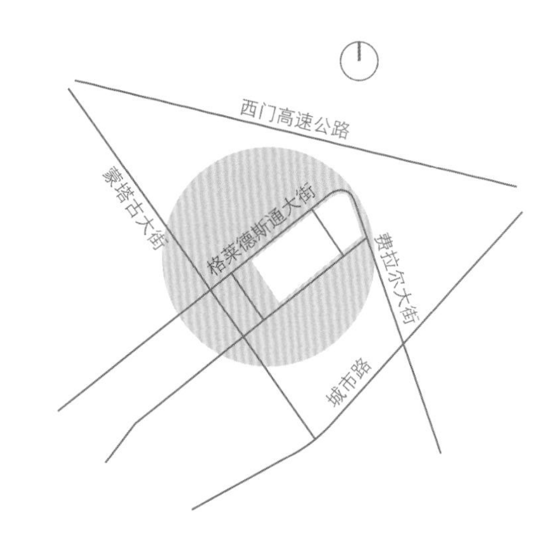

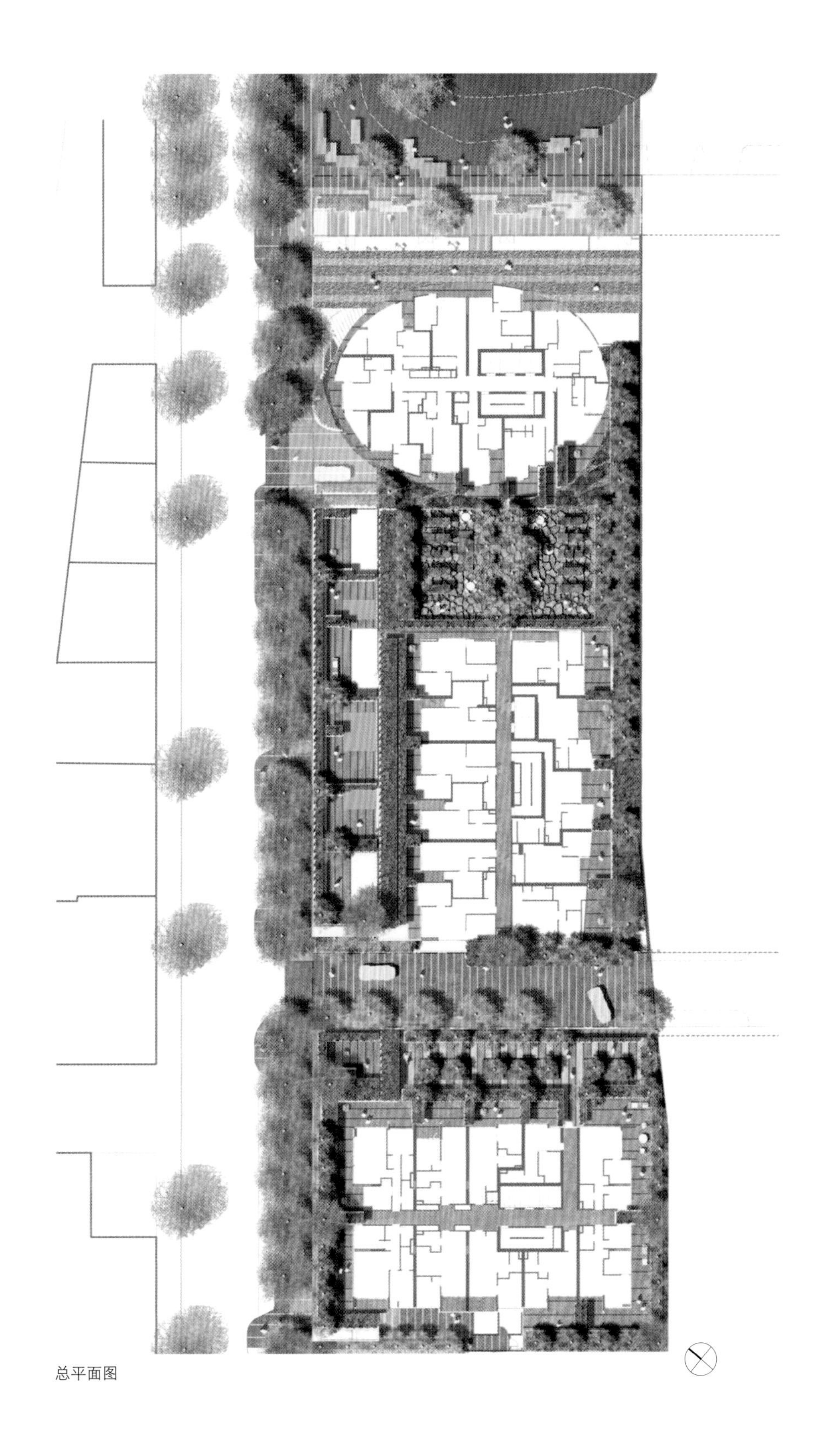

总平面图

CAFE GLADSTONE

米查姆村公寓

在未来的20年里，墨尔本预计需要60万套新住宅来满足人口增长和迁移的需求。其中一半以上将在已建城区内开发，以提高具有齐全的公共交通网络区域的住宅密度。

米查姆村公寓项目包括187套住房和两个零售空间，邻近米查姆火车站和公交换乘站。该项目堪称改建工程在设计和管理上的模范。

该项目以一个朝西开放的庭院空间为中心，创造了与相邻绿化区相连的“绿色通道”，同时为三个组成建筑的元素设定了参考标准。此举通过清晰的城市空间设计了突出现场的环境特征，而这些城市空间同时被居民和路过公众占用和积极使用。维持一楼的人口规模是设计的重中之重，能够确保该项目与现有商业和交通基础设施的整合。精心设计的经济适用公寓将为越来越多的小家庭提供急需的选择，因为这里临近公共交通设施，非常方便。这些公寓还受益于更好的现场便利设施，包括公用庭院。庭院提供了一个避免噪声的保护性港湾，可以享受午后阳光以及从西面俯瞰的景色。

地点 / 澳大利亚墨尔本米查姆湾
客户 / 金色投资控股公司
竣工时间 / 2013

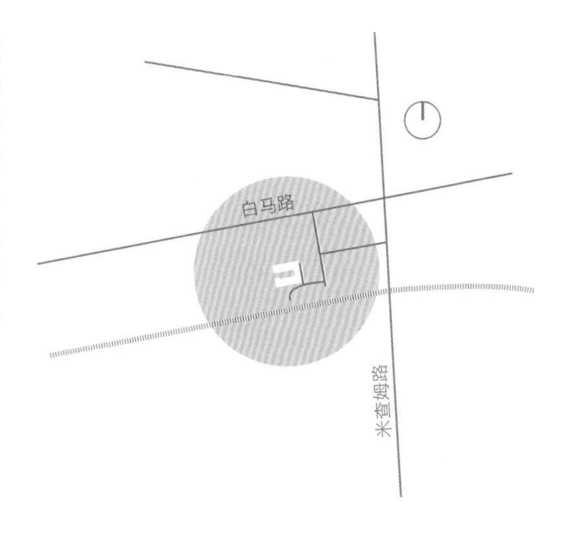

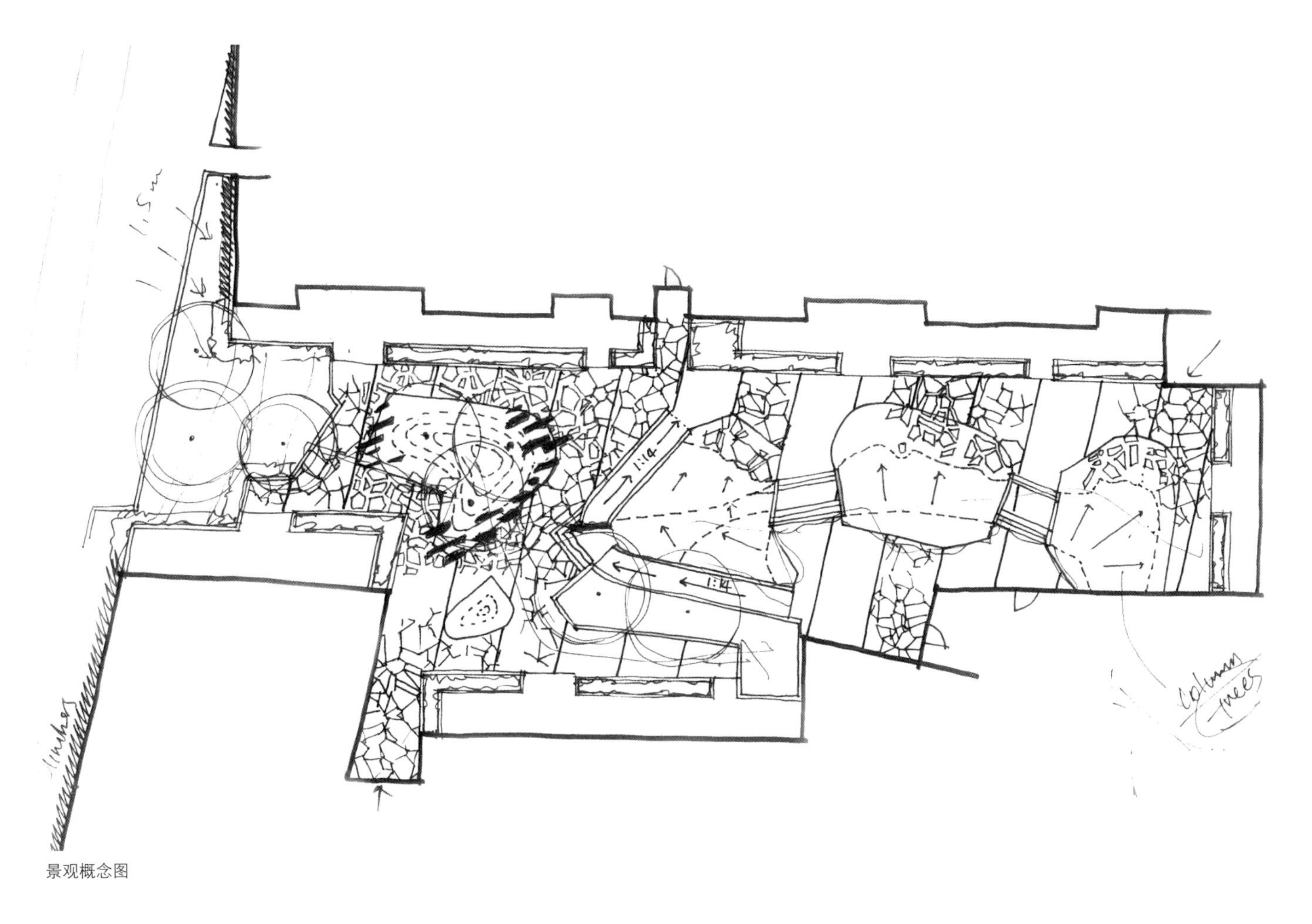

景观概念图

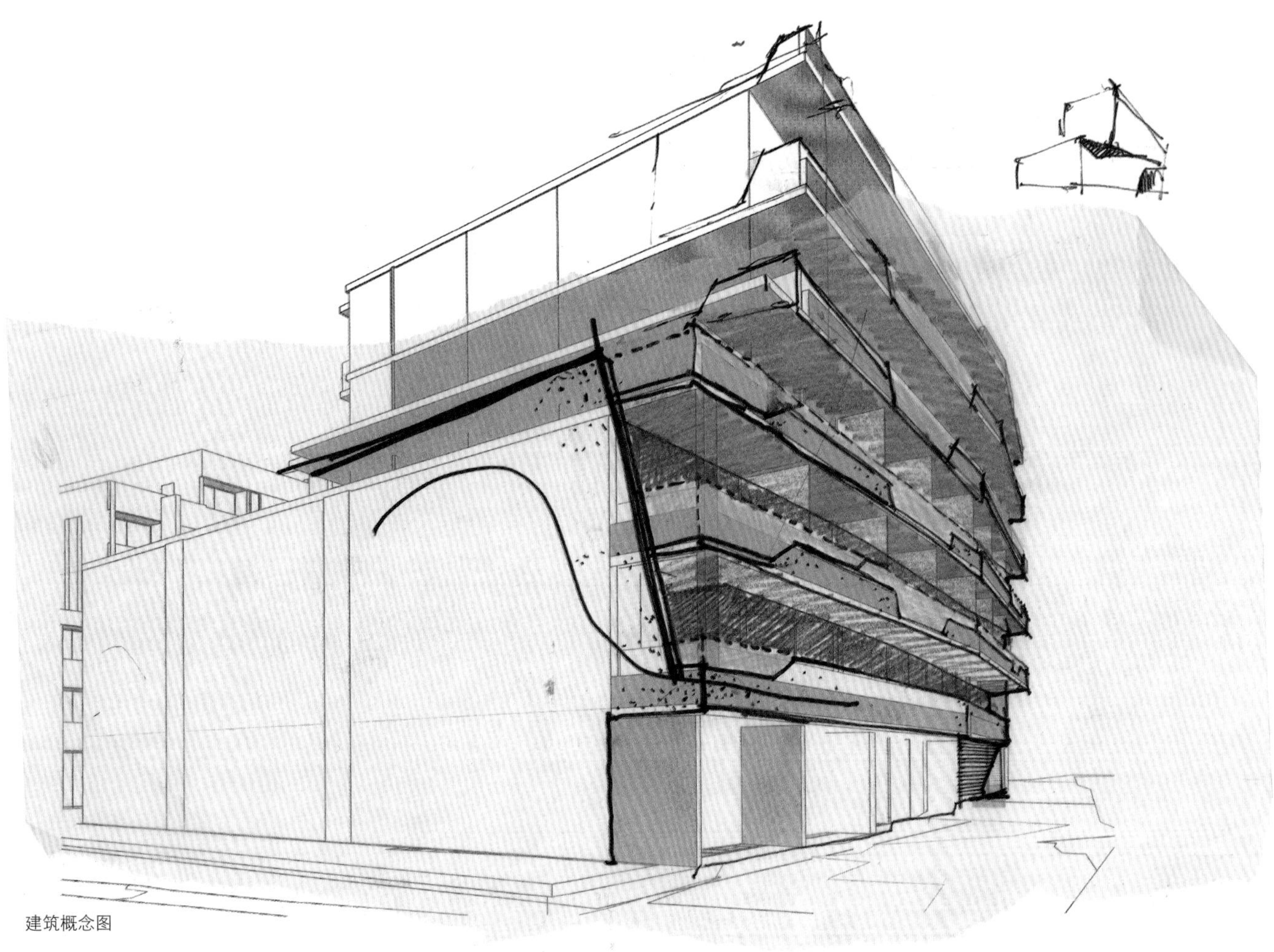

建筑概念图

坎伯维尔高中事业中心大楼

坎伯维尔高中面临一个挑战，那就是制定一个共同的学习目标，让学生做好面对一个复杂、全球化的后工业世界的准备。这种目标就表现在事业中心的大楼上。

该项目旨在重新定义学校的教育责任，为整个学校的未来教育发展树立一个目标。规划过程给学校带来了积极影响，帮助其定义和界定了教育愿景。挑战是修建一个9年级中心，以取代一系列可迁移的教室，并使其在一个紧凑的现场中与现有建筑相协调。此外，该设施还成为该学校所做出的承诺的一种强烈的实体象征，即创建一种学习环境，以深刻、基于调查的学习、研究、讨论、合作和区分为特征——特别是这种环境应适合9年级学生的需求。

它是项目所有参与人员不断努力和紧密合作过程的成果。这个过程中聚集了学生、教育者、设计师和规划师们的智慧，还运用了从现代研究中获得的指导原则。

建成建筑由一个大型附属中心空间以及众多具有不同功能的学习区构成。环境可持续性特征表现在屋顶安装了太阳能板，室内以天窗照明，同时辅以节能照明。中心创造了一个齐全的学习设施网络，包括一个多媒体工作室兼编辑室、多个小组讨论区、多个用于演示和直接指导的大教室、用于实验和创新的区域以及用于筛选测试和举办研讨会的礼堂。学生作品可在门厅和整个中心空间展示。

该建筑是一个令人激动的动态空间，鼓励变化、自由移动、合作和连接。学生们穿过这个空间，从中选择最适合自己学习的方法和环境。正如一名学生所言："这是一种思考如何学习的新方法。"

地点 / 澳大利亚墨尔本坎伯维尔
客户 / 坎伯维尔高中
竣工时间 / 2012
获奖信息 / 2013年澳大拉西亚CEFPI教育设施规划奖新建筑重要设施类奖

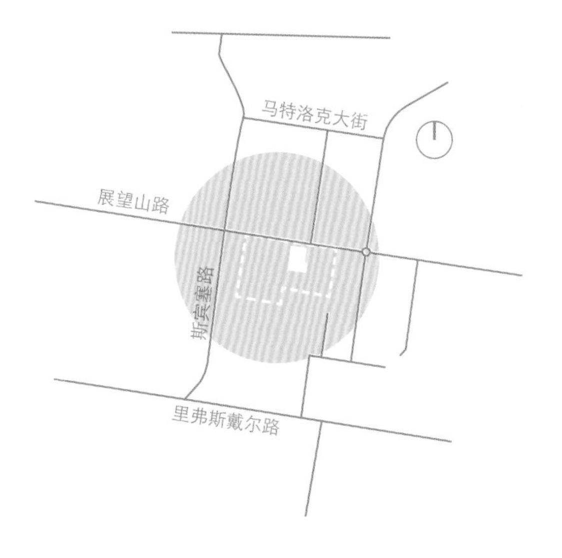

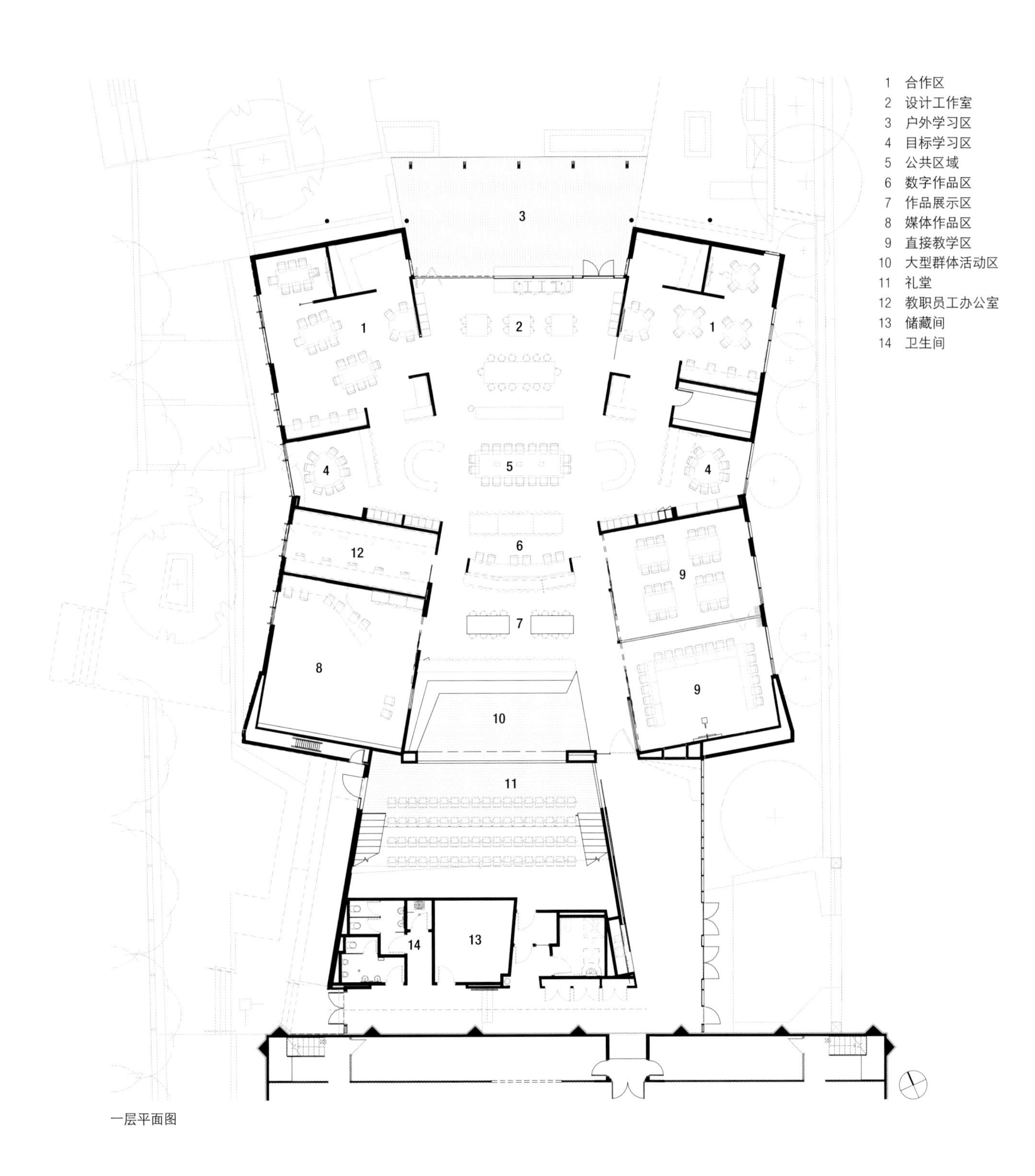
1 合作区
2 设计工作室
3 户外学习区
4 目标学习区
5 公共区域
6 数字作品区
7 作品展示区
8 媒体作品区
9 直接教学区
10 大型群体活动区
11 礼堂
12 教职员工办公室
13 储藏间
14 卫生间

一层平面图

萨拉塔公寓

海鲍尔事务所与该区开发商合作参与了一系列重要工程，以实现该区提供新社区基础设施、成功的公共空间和丰富的步行体验的“达克兰第二个十年计划”。项目涉及城市设计思想的重要应用，以创造活跃的公共空间，包括达克兰图书馆（克莱尔设计）、达克兰社区中心和萨拉塔公寓。

萨拉塔是一座15层楼高、包含144套公寓的多功能住宅楼，拥有一个动态的正面和连接室外空间的宽敞入口。它是合理规划、可持续城市生活的象征。该楼临伯克街一面有小面积零售出租空间，与相邻社区公园有直接通道相连，因而给该区增加了活力。

萨拉塔公寓逆行于达克兰大多数开发区盛行的显著趋势，采用更加紧凑的结构，使建筑之间的空间与建筑本身一样重要。

精心的场所营造在宏观和微观层面都非常显著。这栋T型结构建筑的正面鲜明地界定了街道边缘，同时从步行角度看，停车场和服务区都隐藏在低层墩座墙中。如此创造了一个更大、私密性更好的复杂活动边缘以及多样化的步行体验。在建筑低层周围，雕塑般的零售摊位和游玩空间进一步丰富了体验。

可持续性是一个主要焦点。位于澳大利亚绿色建筑密度最高的城区，萨拉塔获得了4绿星标准认证，是澳大利亚第一个根据澳大利亚绿色建筑委员会多住宅评级标准修建的项目。

地点 / 澳大利亚墨尔本达克兰
客户 / 联盛集团
竣工时间 / 2012
获奖信息 / 2013美国建筑师协会维多利亚建筑奖住宅建筑奖、集合住宅奖以及城市设计奖

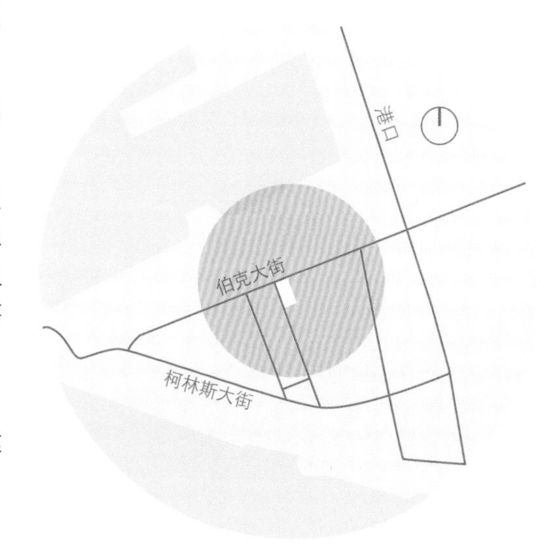

标准层平面图

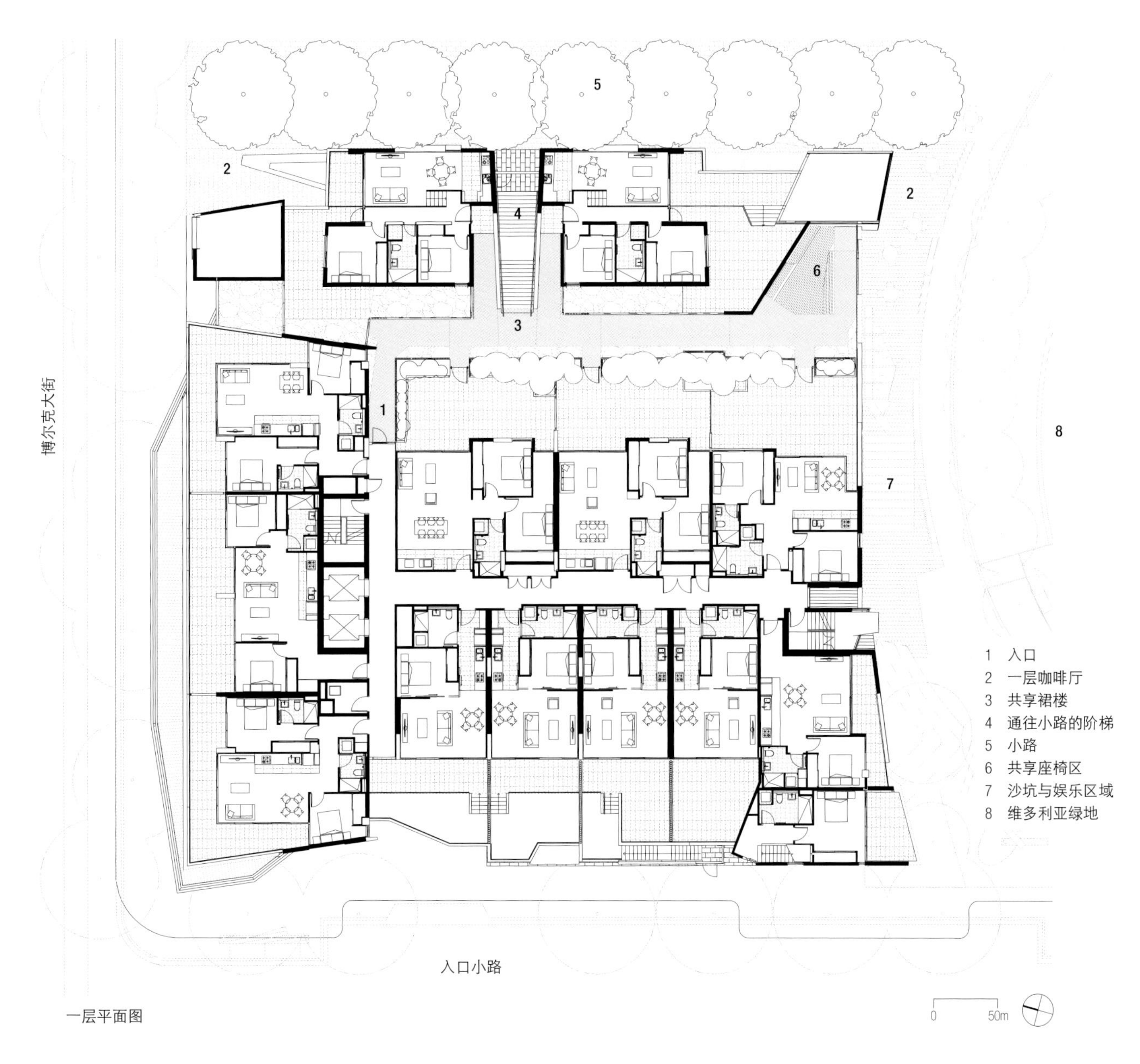

1 入口
2 一层咖啡厅
3 共享裙楼
4 通往小路的阶梯
5 小路
6 共享座椅区
7 沙坑与娱乐区域
8 维多利亚绿地

一层平面图

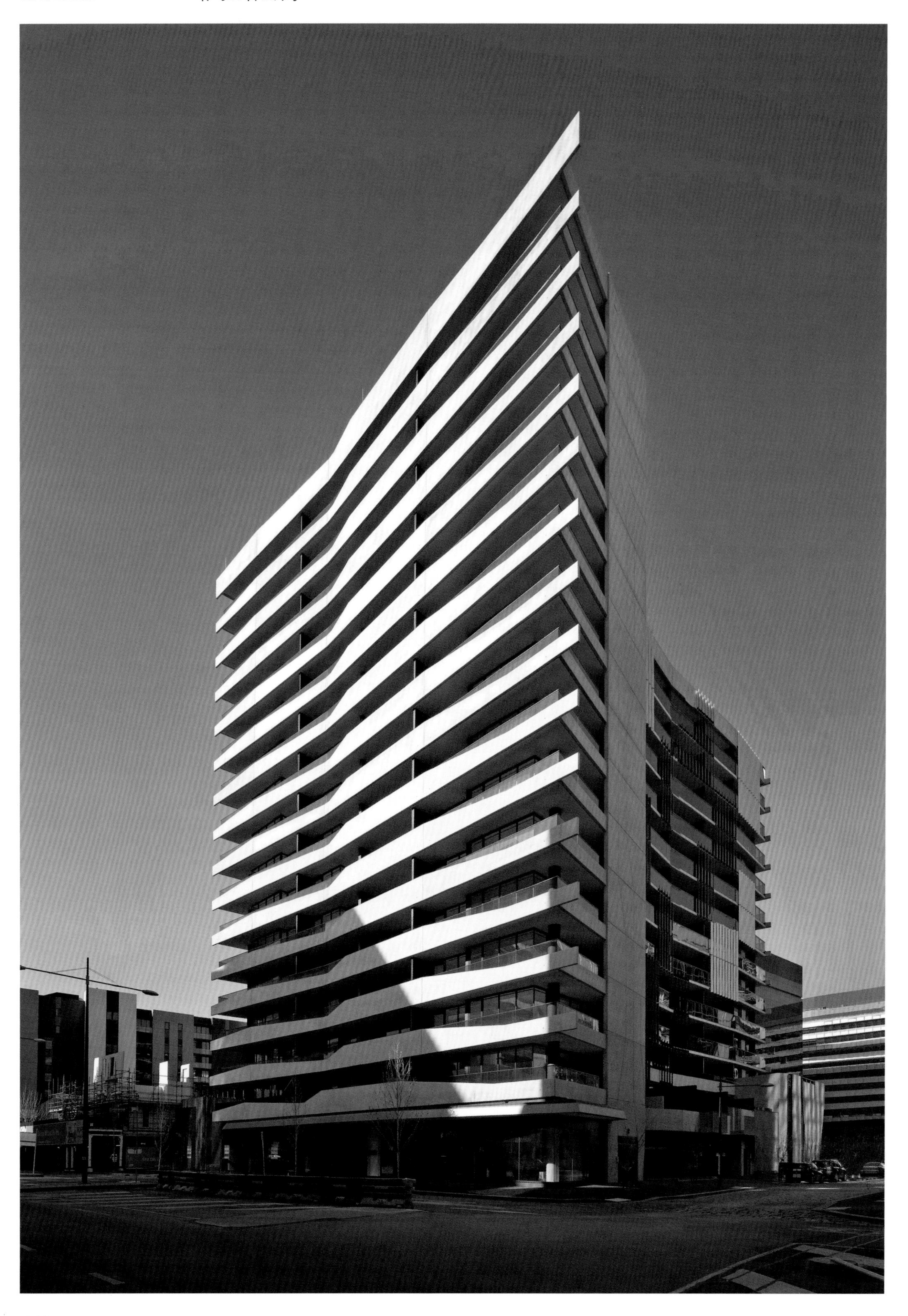

第九频道
工作室公寓

这个历史现场原是著名的维特海姆钢琴厂，自20世纪60年代以来，成了第九频道电视网络公司的办公楼。此次改建属于一个大型城市改建项目，包括将四个居民区（北区、中心区、传统区和南区）分阶段进行改建，以提供一系列满足各种人群需求的公寓。

设计以“生活的故事”为中心——将各种生活空间和景观放在一起，以吸引人们前往一个集体场所。这对分阶段开发的项目来说尤其重要，因为公共领域的早期动员和宣传策略将建立一种特别的地方标志。

通过公共空间创建社交网络是该项目总规划的重心。整个现场和更广泛的街区的渗透性和连接性是城市设计要解决的主要问题。在斯托尔街和一个新公共广场之间，创新弹性的社区空间将这些建筑与一条步行专用道连接起来。

另一个重要的设计方面是里士满周边郊区的各种不同建筑，以及每个开发阶段对现场的丰富遗产和其作为第九频道工作室的历史的暗示。从建筑角度看，最重要的一点是考虑新居民的“位置和地点”以及创建一个新邻区。

这是一种高度统一的建筑和室内设计，它最大程度地优化了空间布局，包括具有内部弹性和可调节空间的公寓。

地点 / 澳大利亚维多利亚里士满
客户 / 联盛集团
竣工时间 / 2010（总规划）；2014（北区）；在建（中心区）

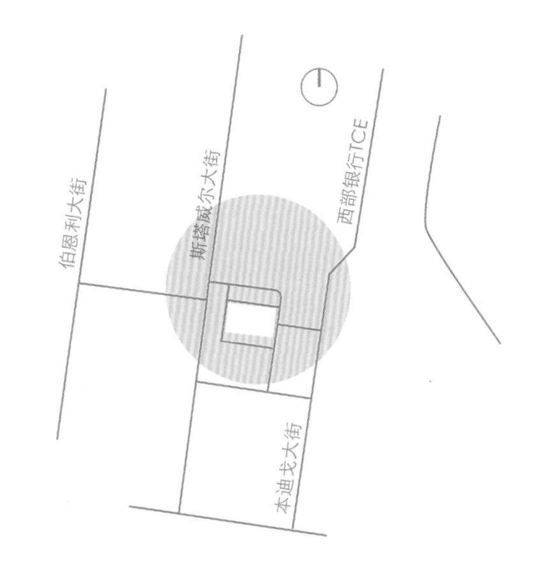

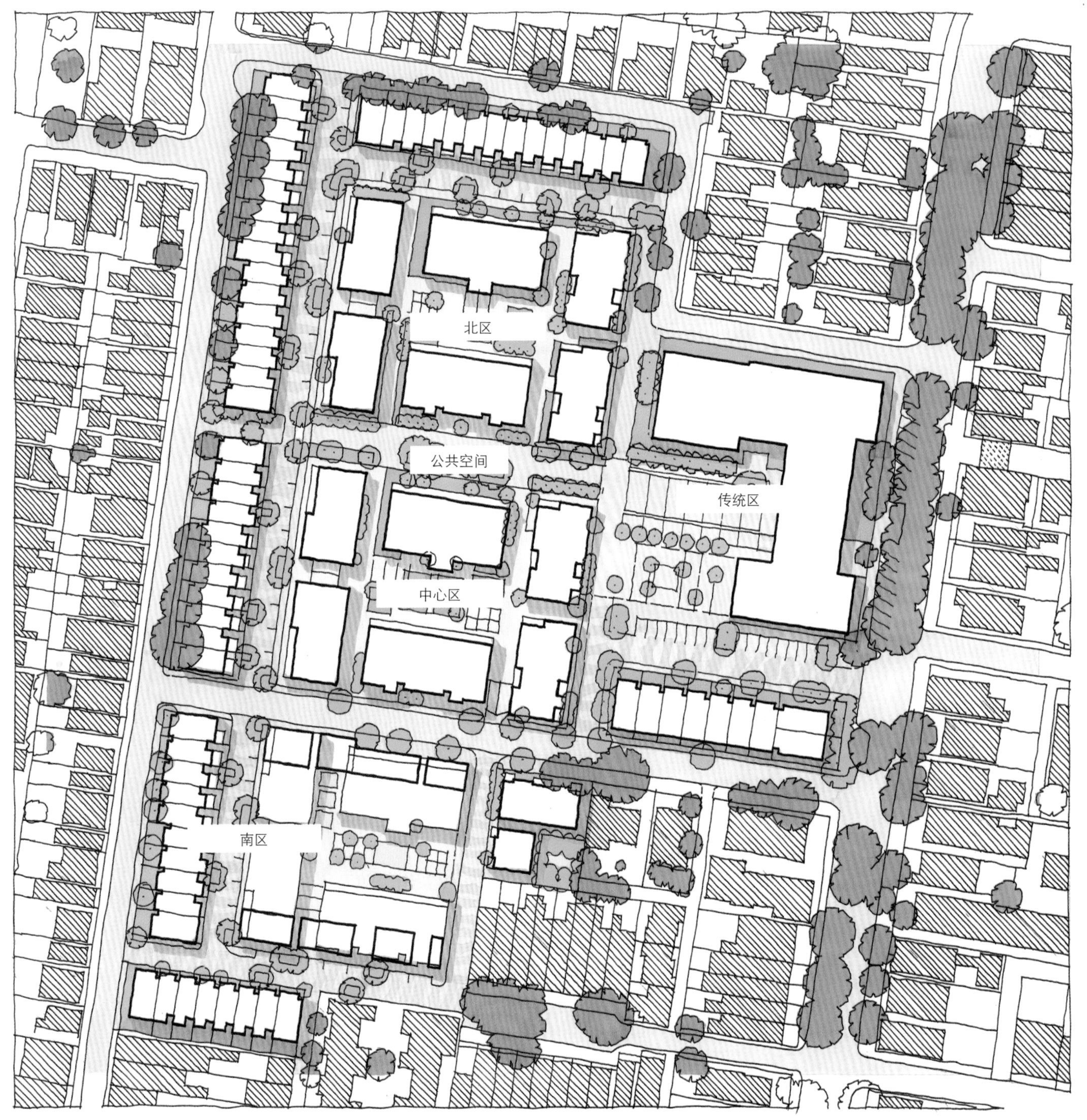

总平面图

ONE
WAY

107
109
111
113
20

1 STUDIO

109
111
113

帝国城

帝国城位于吉隆坡附近的一片废弃工业用地上，占地面积超过8公顷，占据了整个郊区，包括15栋住宅楼和中层住房，附带商业、休闲、零售和医疗设施。

该项目的总规划体现了社交和21世纪亚洲城市生活体验的原则。该项目的愿景受到了业主经常造访墨尔本这一事实的重要影响，因此，由街道和巷道构成的精美城市形态以及对人性化步行空间的理解就变得至关重要。从这个角度看，项目强调了各种室内和室外体验的创造，而这些体验是由居民、零售商、商业企业和相关服务行业构成的密集街区人口激活的。

建成后的帝国城像是一座“城中城”，而身在其中的城市体验则类似于在远处更大的城市中的体验。

住宅类型既有一室公寓房，也有带跌水池和私人露台的豪华套房。大楼的形式表现在分布于不同楼层的各种共用设施上，包括游泳池、休闲空间、餐馆和拥有面向吉隆坡天际线和周边自然区的美丽风景的空中酒吧。

15栋公寓各自拥有前往零售区的直接通道，而零售区则水平分布在两个相互连通的区域——其一是临街层，另一个则位于不受气候影响的地下。这些零售空间在垂直方向上与天井中的玻璃凉亭结合，而天井从视觉上将这些零售空间连接起来，并吸引人们探索这座“城中城”。

地点 / 马来西亚吉隆坡
客户 / 猛犸帝国集团公司
竣工时间 / 2016

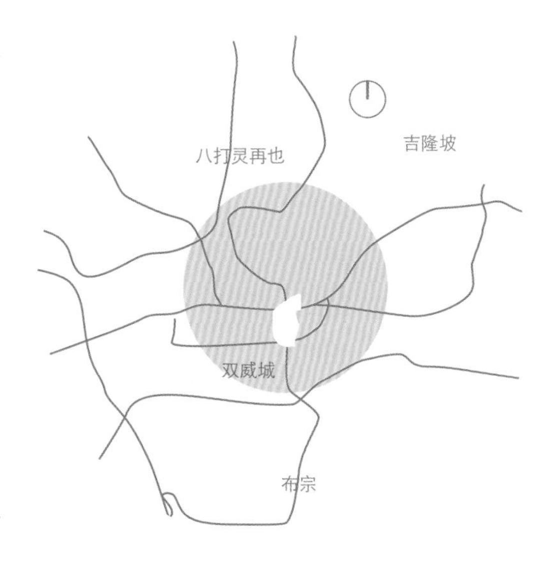

会议设施
零售空间
特别零售空间
建筑门厅
办公区
标志性写字楼
SOHO区
幸福中心
酒店
工作室区
艺术区
高档公寓
中档公寓
服务设施
0
50m

一层平面图

Dior

爱范顿文法学校多功能大厅和小学教室扩建

海鲍尔事务所和爱范顿文法学校的合作关系已经维持了近十年，成功地完成了多个项目，并为未来项目的五个重要区域制定了总规划。

新安德里安阿克斯中心多功能大厅为该校增加运动、音乐和表演艺术等重要课程提供了机会，还鼓励学生在高中学习之外学习自己爱好的美术。

该建筑巧妙地选址在该校海德堡学院南面的山坡上，将中心露天休闲空间环绕起来。作为教员、学生和社团组织进行休闲和文化学习的中心，该建筑的风格大胆、现代、清晰，具有明显的水平特征，巧妙地采用了自然材料和与周边住宅区相协调的颜色。室内布局采用柔和的颜色和木板，同时表现出了一种适合感和潜在的弹性以及活跃的多样性。

与之相反，小学教学楼增建的两层楼结构则采用胶合板面层和高而垂直的木屏障，以融入周边的森林环境。室内设计创造了一种轻工业的美感，为教员和学生进行活跃、高度创新的居住和协作提供了各种设施。

地点 / 澳大利亚墨尔本爱范顿
客户 / 爱范顿文法学校
竣工时间 / 2011

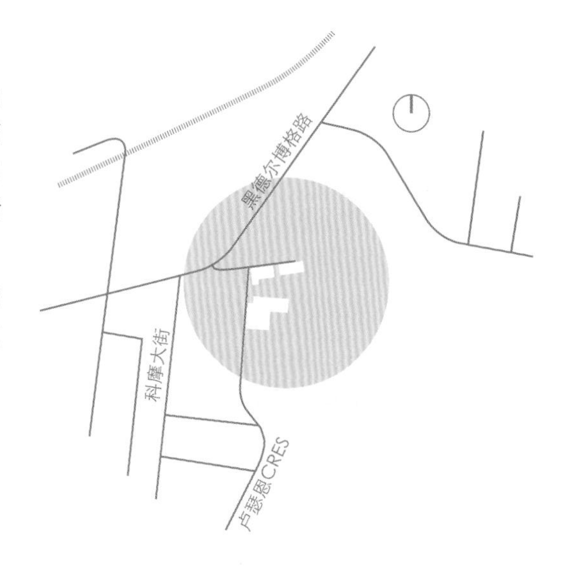

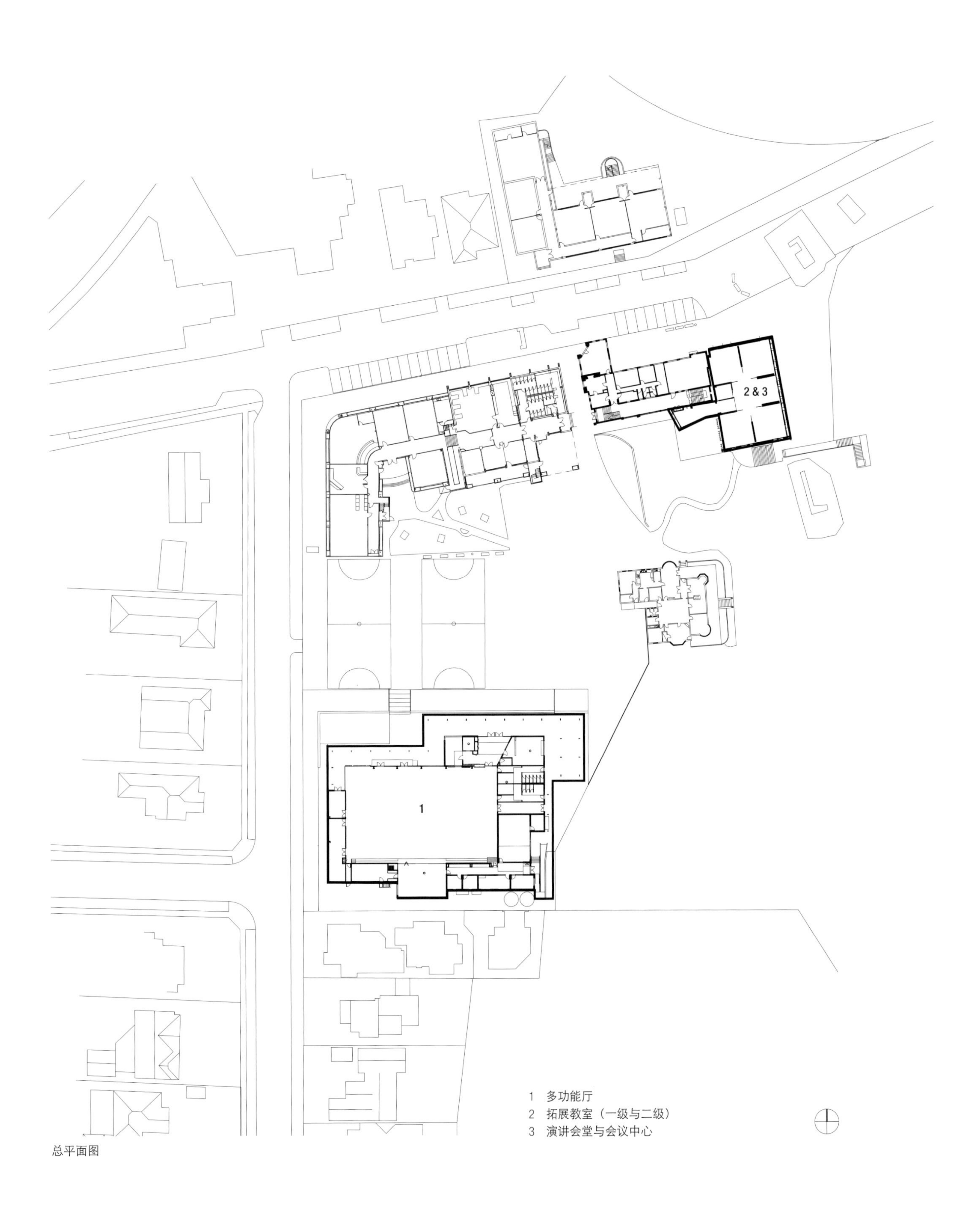

总平面图

THE ANDRIANAKOS CENTRE

斯高朴山学院
甘德尔·柏森楼

斯高朴山纪念学院的目标是为12年级以下的早期学习者提供犹太传统教育和思想教育，以帮助学生成为继承犹太和澳大利亚传统的知识渊博、满怀自信的继承者，让他们做好准备以全身心履行自己的社会责任。斯高朴山学院创立于1949年。当海鲍尔事务所于2008年接受委托将圣基尔达东校区改建成包括学前至三年级的教学设施时，该校正在推行最新的21世纪技术和教学方法。它的主要目标是升级设施，建设以学生为中心和反映校园的独特特征以及犹太文化的学习环境。

修建以学生为中心的学习环境是该校面临的一个主要挑战，主要教员共同合作，努力将学校变革推上日程。他们进行了大量讨论、评审和分析，以确定理想的教育模式和这种模式对所制定的建筑纲要的影响。规划过程根据该校的扩展教育计划同步发展。借鉴修建原学校设施时建立现有的蜂窝规划模型的经验，参照团队在制作以学生为中心且带有开放、连接的空间和小组教学结构的模型方面变得更加自信。

融合犹太文化是学习环境的一个重要部分。希伯来语研究专用教室满足了该校要求为该课题提供具体的教学环境的要求。传统犹太教育还要求餐前洗手，因此在教育空间中留出了宽敞的净手区。一些犹太节日规定，作为宗教庆祝活动的一部分，人们必须从室外进入，因此设计中还包含了与外部结构连接的牢固通道。

新设施被谨慎地置入已经进行了大量开发的校区，以与现有结构和规划相融合。新建筑融入现有校区创造了一种清晰、可辨认的特征。

地点 / 澳大利亚墨尔本圣基尔达
客户 / 斯高朴山学院
竣工时间 / 2010

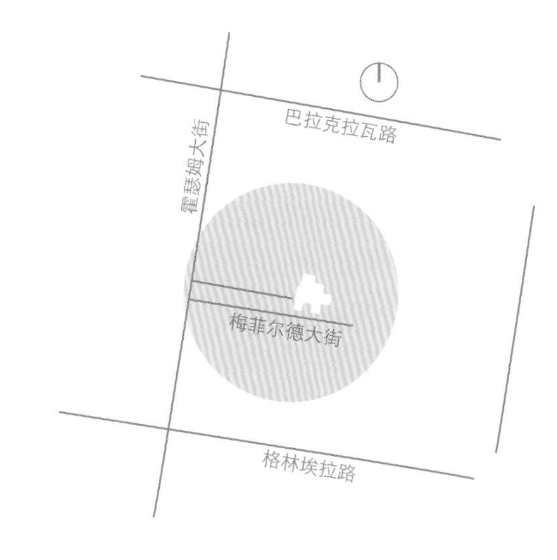

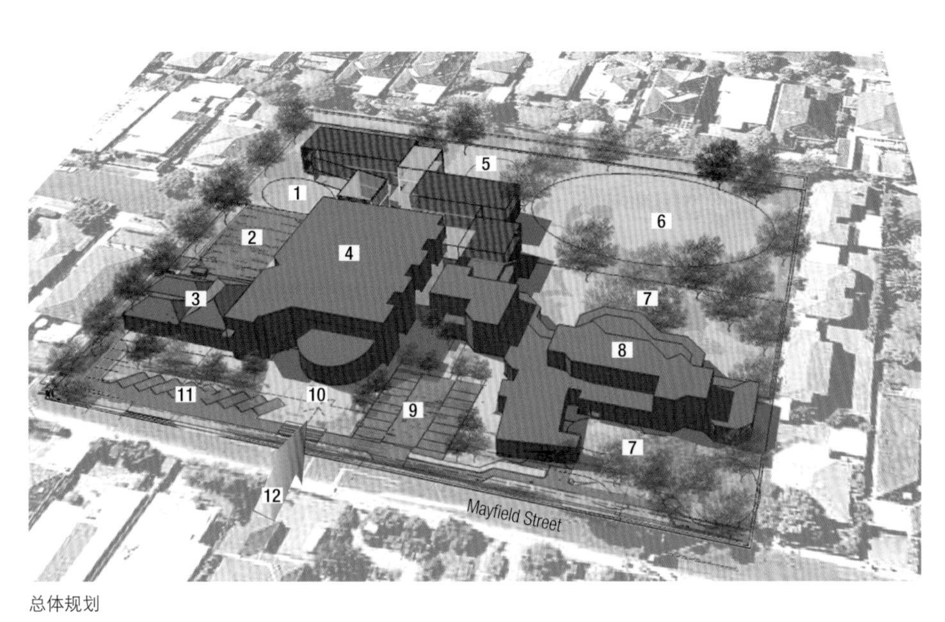

1 自习室1
2 停车场（可容纳20辆车）
3 行政楼
4 甘德尔 · 柏森楼
5 自习室2
6 原有绿地
7 ELC娱乐区域
8 绍尔穆克早教中心
9 原有停车场（可容纳16辆车）
10 前庭
11 落客区
12 主入口

■ 原有待修复建筑
■ 新建主学习区域
■ 扩建道路

总体规划

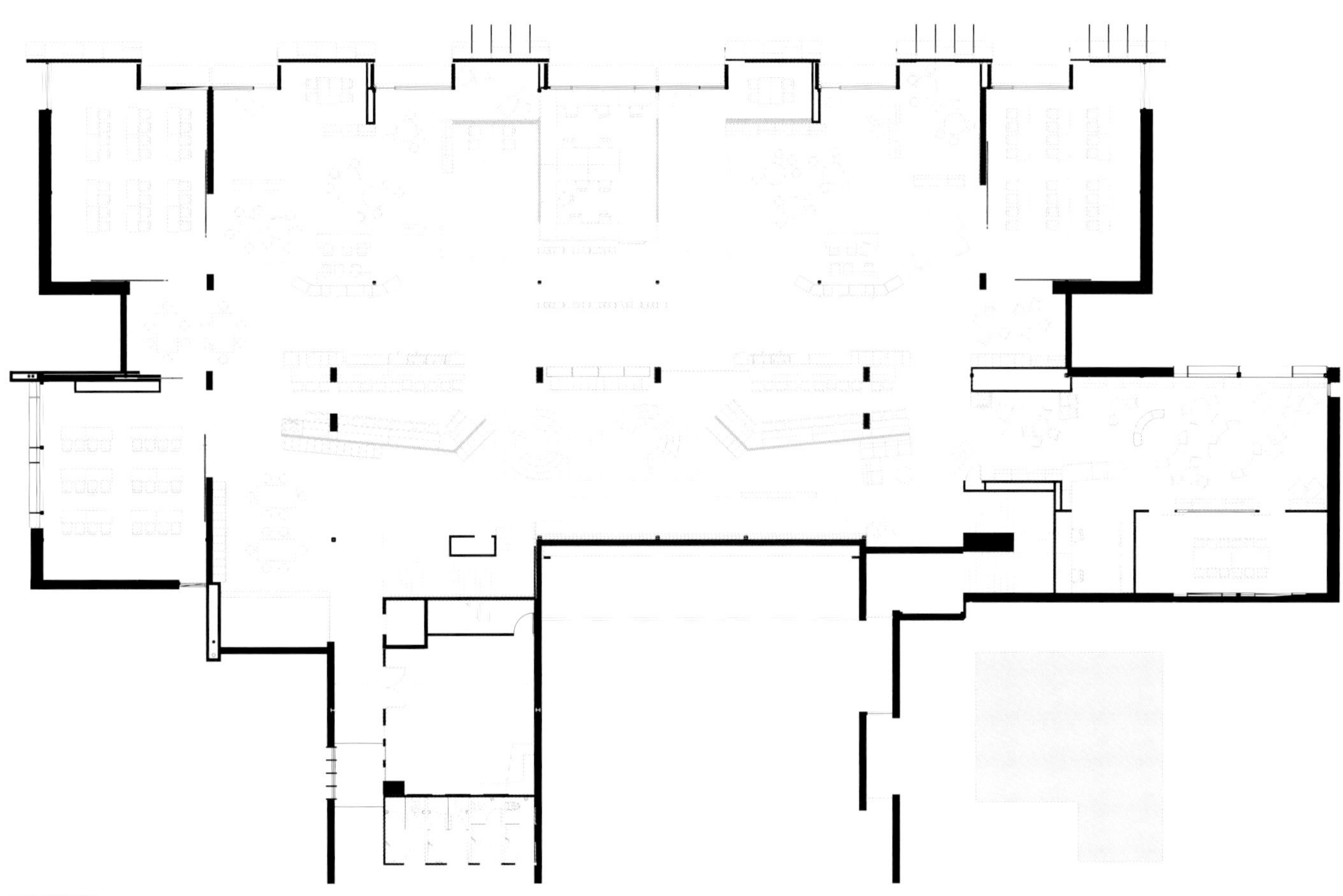

二层平面图

米德尔办公大楼

这座四层建筑位于南墨尔本的巷道网络中，有着漂亮的木制立面和包木阳台，是房地产开发商米德尔的新总部办公大楼。

朝西正立面的设计能够吸引人们注意该建筑的一楼入口。入口是一条透明的带状结构，上方是竖向木条。这种结构使入口与巷道空间的规格相协调，同时表现了上部楼层是一个整体的立面结构，不受低角度午后阳光的影响。上部楼层外壳进一步清楚地表现在横向连接线的细节上，这些连接线限制了木屏障，并标记了建筑楼层的位置。

从内部看，一个将所有楼层连接起来的垂直结构中被设置了一个开放楼梯，楼梯采用顶部照明，结合了一堵栽种了绿色植物的墙体。墙体可从二楼接待区看到。建筑中嵌入了朝北的阳台，延续了以木材为主要材料的主题。窄窄的窗子则突出了周围屋顶景观的不同景色，同时也为室内提供了吸引目光的兴趣点。

利用自然建筑材料，循环利用雨水，巧妙布置窗户以最大程度的增加对流通风，这些均反映了采用适应环境的先进设计的要求。

地点 / 澳大利亚墨尔本南墨尔本
客户 / A&M威尔逊
竣工时间 / 2010

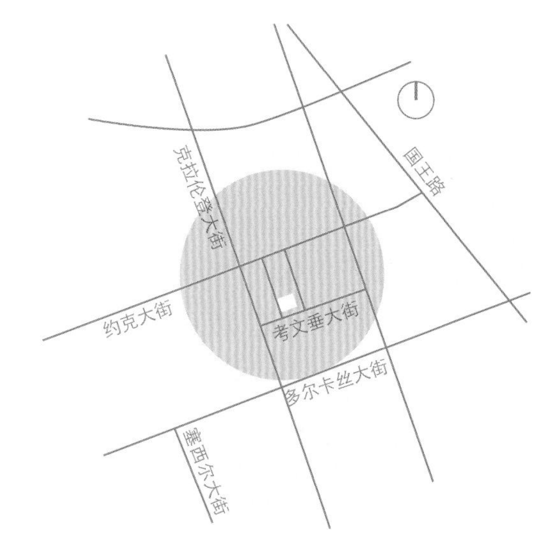

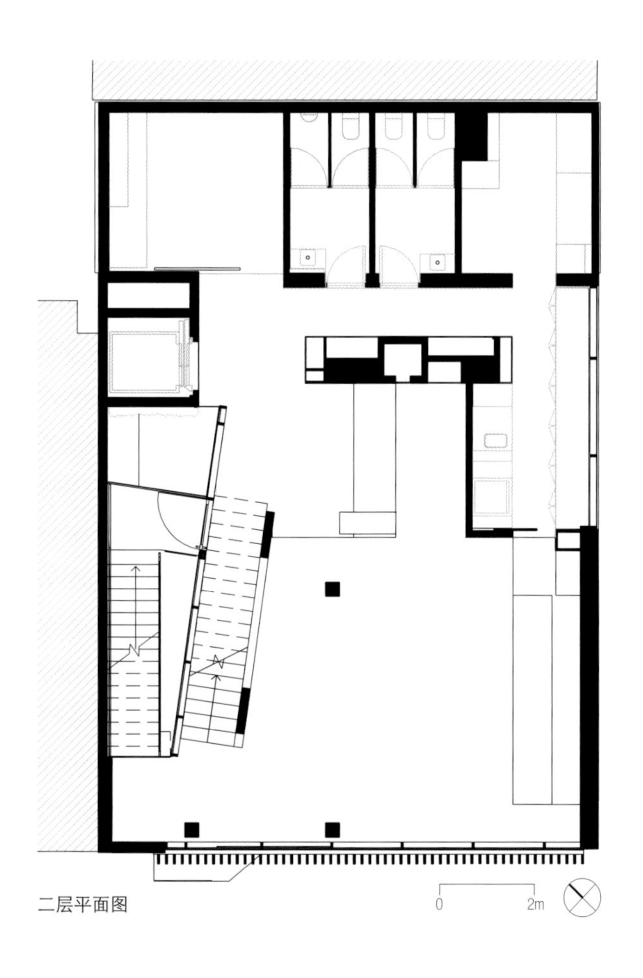

二层平面图

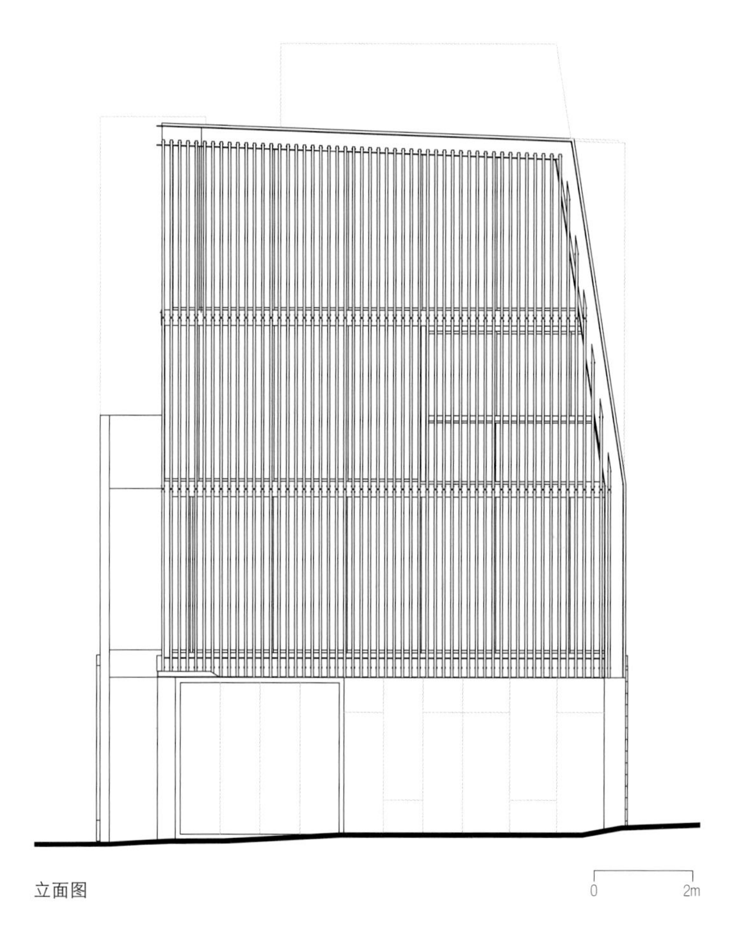

立面图

21
BOOSTER
CONNECTION

约翰街公寓

由于主要交通枢纽周围的密度增加变得日渐明显，墨尔本东部中环郊区的伯克斯山将逐渐发展成一个重要的活动中心。随着人口的变动以及单一住户家庭日渐增多，靠近相关服务设施的公寓生活变得更加可行，且无需进行大规模基础设施投资。

约翰街公寓是一座屡获殊荣的建筑，它满足了该区对紧凑、经济，却设计良好的学生公寓的潜在需求。这座四层楼建筑邻近教育机构和交通枢纽，有工作室和一室公寓、现场经理公寓、一楼接待厅和大堂以及一个公共休息室，还带有街边停车位。

该项目面临的主要挑战是其位置——现场恰好位于一个中层商业区和一个低层住宅区的交界处。从城市结构来看，它具有一种协调角色，建筑各边的不同交界面使得它能够无缝地融入不同的周边环境。

该建筑位于一个非常显著的现场，分裂成两个相互交叠的形状。北立面和南立面的关系是通过临街面的一个受埃德瓦多·奇伊达的雕塑作品《San Titulo》启发的结构建立起来的。建筑各立面采用截然不同的处理方式，反映了现场不同的边缘环境。

高质量的立面设计提供了良好的保暖和利用太阳能的性能，包括阳台构成的深洞口、百叶和现有成年树木构成的阴凉。有效的平面布局和大量的玻璃材料都暗示着这些隐藏在绿树成荫的郊区角落的紧凑型公寓能够提供愉快、明亮的居住体验。

地点 / 澳大利亚墨尔本伯克斯山
客户 / 金色年代房地产开发公司
竣工时间 / 2011
获奖信息 / 2011美国建筑师协会和美国建筑师协会维多利亚建筑奖集合住宅类奖；2013怀特霍斯市建筑环境奖公寓项目类奖

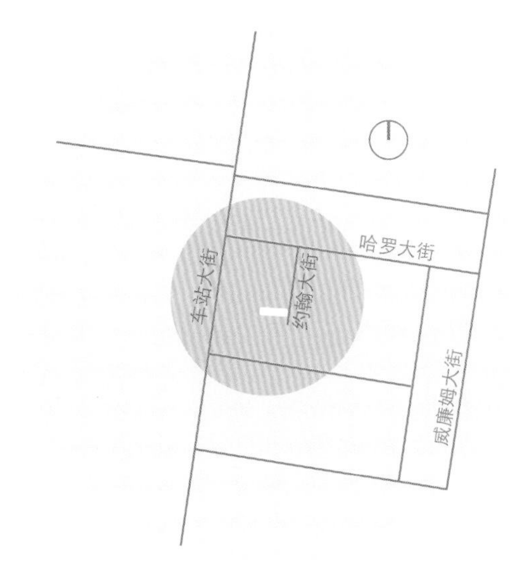

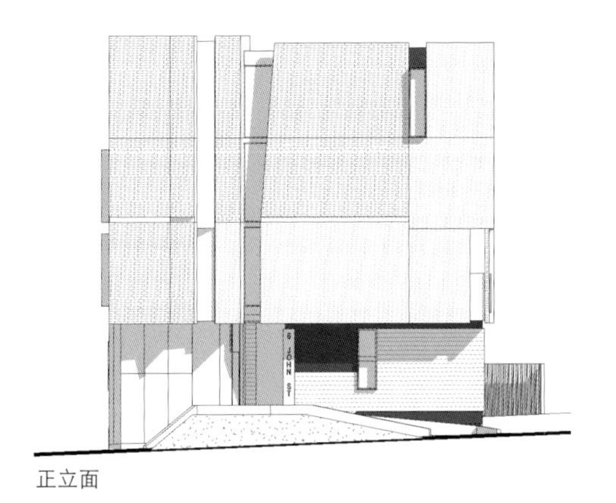
正立面

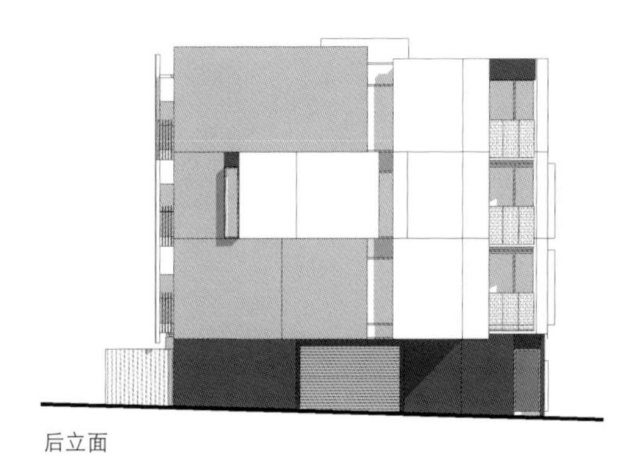
后立面

侧立面

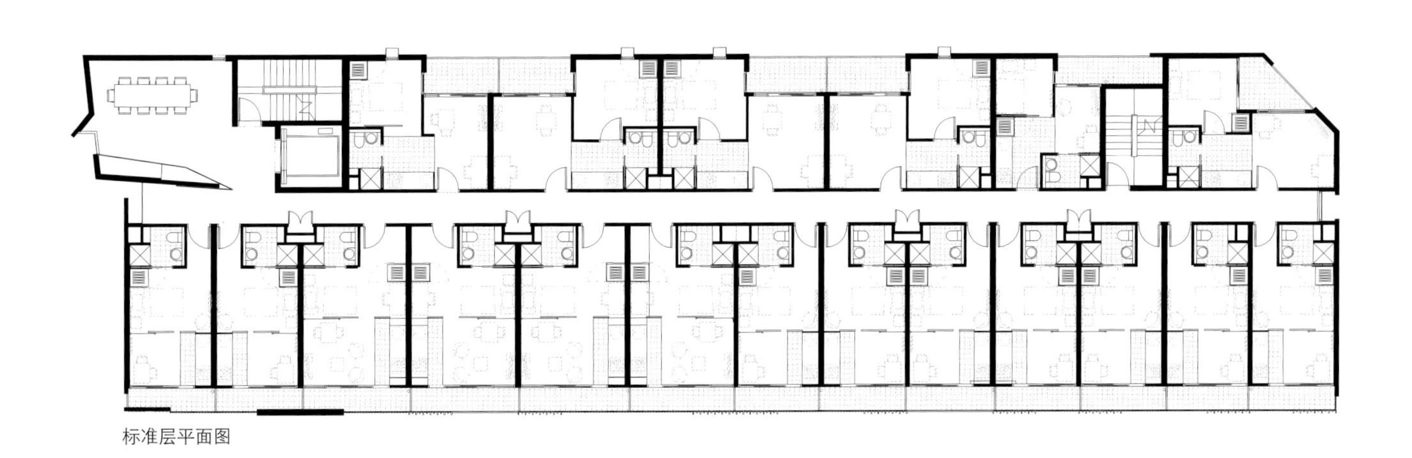
标准层平面图

HAVE YOU
DISPLAYED
YOUR VALID
PARKING TICKET
ON THE DASHBOARD
OF YOUR VEHICLE?
FAILURE TO DO
SO MAY RESULT
IN A FINE

2065命题设计竞赛

“2065命题设计竞赛”是《澳大利亚建筑评论》杂志出版社“小众媒体”举办的一系列战略性城市设计竞赛之一。在此案中，竞赛设计的现场位于圣里奥纳兹。这里属于悉尼郊区，正在进行快速的城市改建，创造了大量研究新城市化形式的机会。

海鲍尔事务所与研究伙伴莫纳什艺术设计和建筑（MADA）合作创作了这份设计，并从众多国内国际著名参赛者中脱颖而出。设计包括一栋位于一个废弃现场的多功能建筑，而现场毗邻一条城市铁路。设计还结合了一个活跃的火车站和一个主要道路交叉口。为了平衡现场的商业和经济发展机会，设计师们针对可持续城市发展、社区活动和宜居性进行了调查。

海鲍尔事务所制定的区域发展展望将圣里奥纳兹树立为一个21世纪的“智慧城市”模范。通过将现有教育、卫生和技术基础设施融入一个活跃的商业住宅中心，该项目创造了知识和创意资本能够融合和发展的合适条件。创造能够吸引和保留这些互动关系的公共空间是该项目获得成功的关键。海鲍尔事务所提出了一个“共生空间—经济”的发展框架。根据该方案，潜力可能蕴含在主流或边缘可能性的共存以及这种关系所产生的社会资本中。这些关系的建立对项目获得长期成功非常重要。

地点 / 澳大利亚悉尼圣里奥纳兹
客户 / 《建筑评论杂志》国家建筑创意竞赛
竣工时间 / 2010
获奖信息 / 2010命题城市设计竞赛一等奖

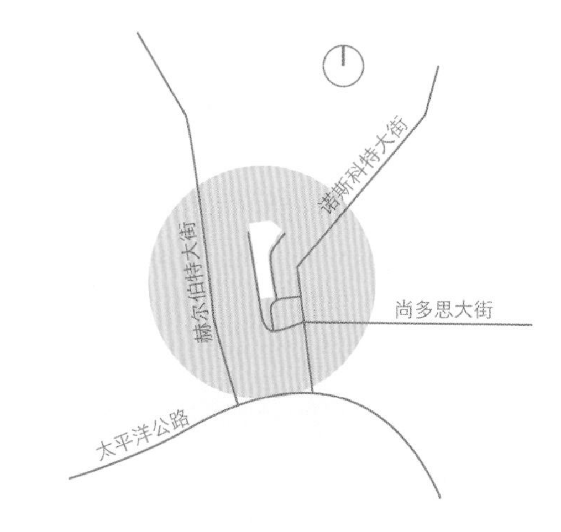

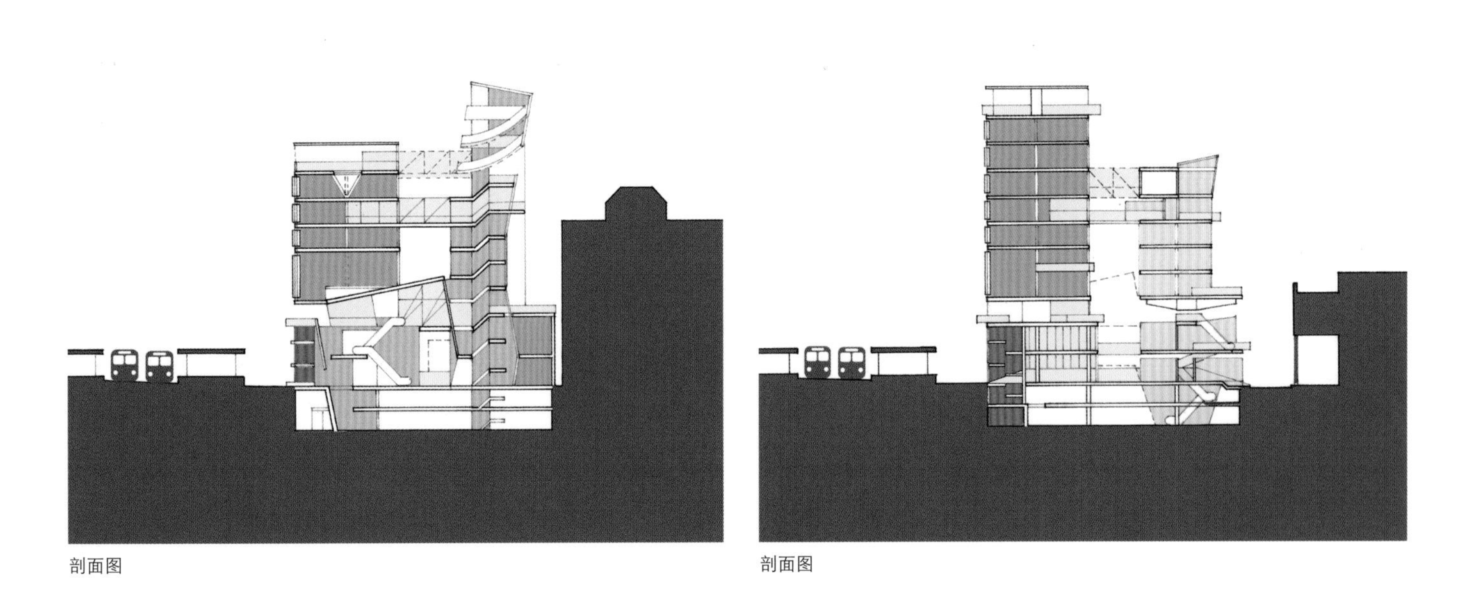

剖面图　　剖面图

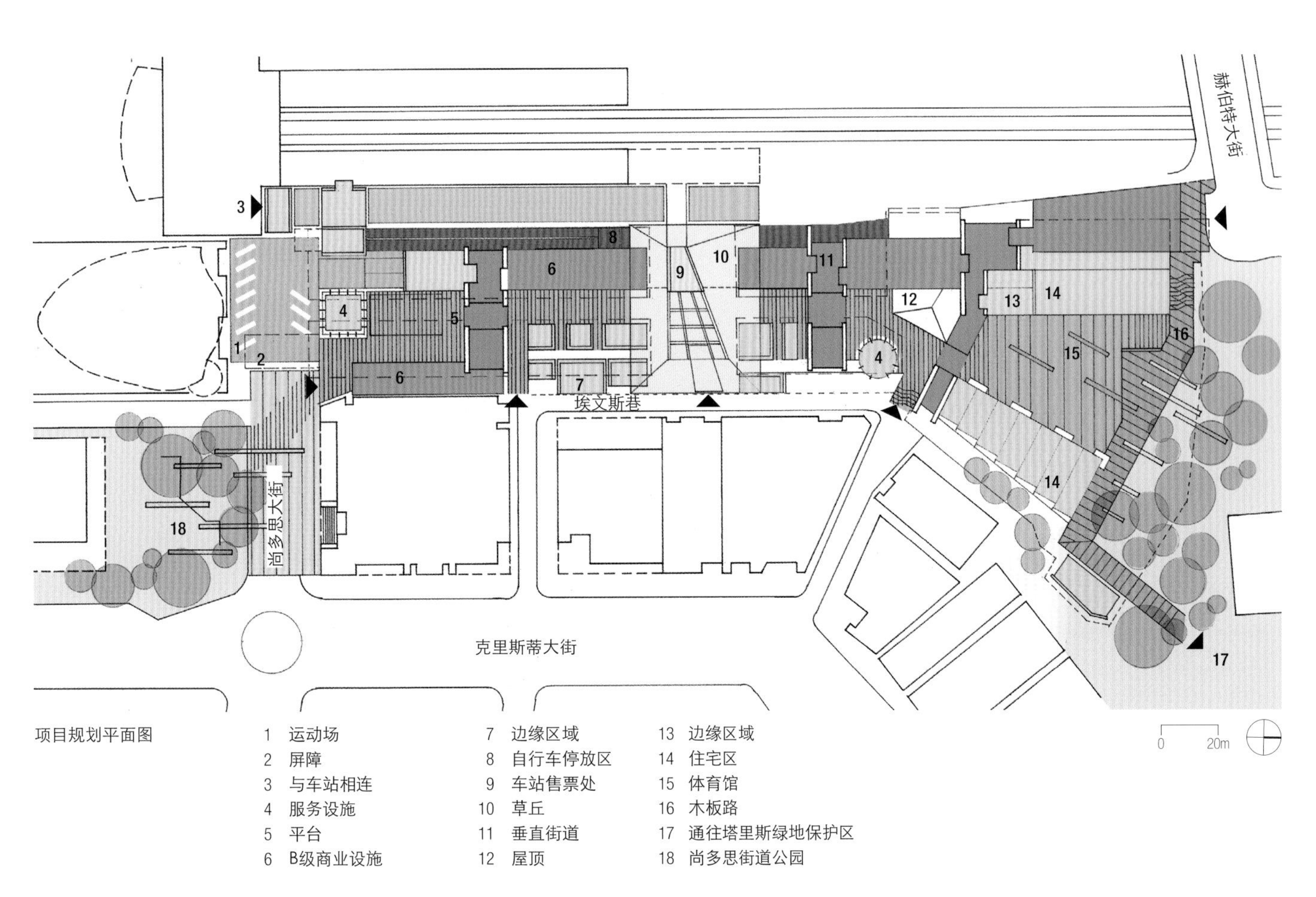

项目规划平面图

1 运动场
2 屏障
3 与车站相连
4 服务设施
5 平台
6 B级商业设施
7 边缘区域
8 自行车停放区
9 车站售票处
10 草丘
11 垂直街道
12 屋顶
13 边缘区域
14 住宅区
15 体育馆
16 木板路
17 通往塔里斯绿地保护区
18 尚多思街道公园

2065

3047命题设计竞赛

《澳大利亚建筑评论》原创竞赛“命题设计3047”关注的是墨尔本宽甸一个现有火车站的改建。海鲍尔事务所以社区平等、可达性和可持续性为主题的设计方案赢得了评审委员会颁发的一等奖和人民选择奖。

海鲍尔事务所的设计方案提出修建一个新多式联运换乘兼多功能建筑，融合商业空间、学生公寓、零售租赁空间和社区设施。

该项目延伸到了火车站以外的地方，以寻找改建周边住宅区的机会，并增加穿过帕斯科谷道前往民用和商业活动中心的通道。火车站被设计成以弹性为中心的有效实体连接空间，能够根据该区不断变化的人口状况、新生活和工作方式以及环境和技术的变化做出调整。该方案提供了大量公共空间，并鼓励投资修建社区基础设施。此次设计竞赛是包括休姆市政府和维多利亚州政府在内的多个机构联合主办的。州政府于2009年重提该项工程，并委托海鲍尔事务所制作总规划和开展实际项目——宽甸开发潜力研究，确定并可视化更大范围内的宽甸转乘区的五个主要现场。一个后续项目于2011年启动，旨在改建宽甸火车站。此举检验了新火车站的多功能模式以及竞赛方案中提出的“火车站作为桥梁”的概念，创造了连接社区和让更广泛的社区受益的机会。

地点 / 澳大利亚墨尔本宽甸
客户 / 《建筑评论杂志》国家建筑创意竞赛
竣工时间 / 2006
获奖信息 / 2006命题城市设计竞赛一等奖和人民选择奖

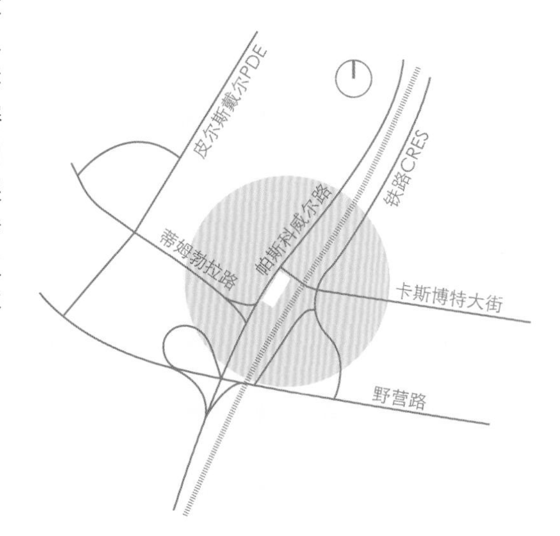

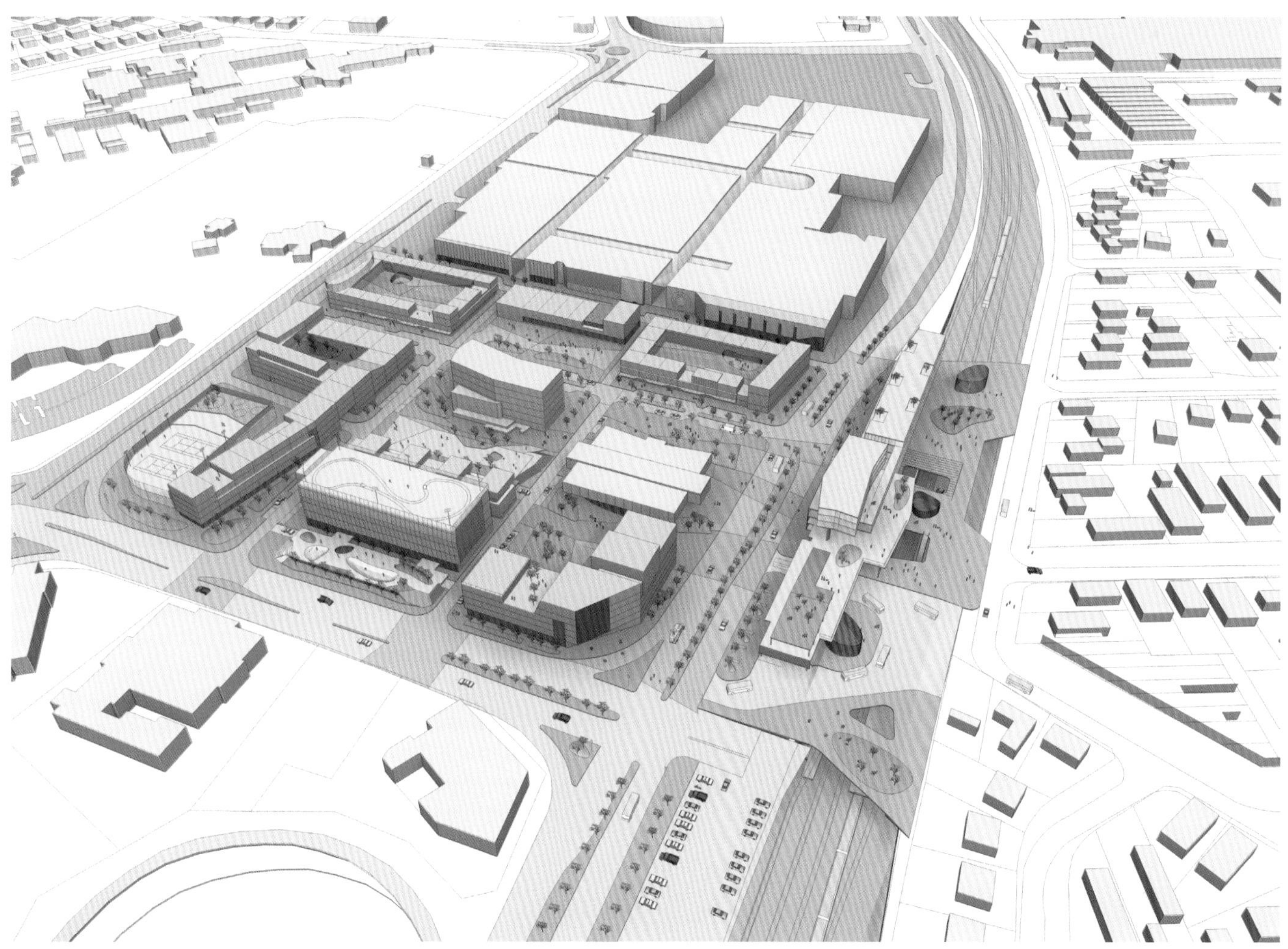
总体平面图

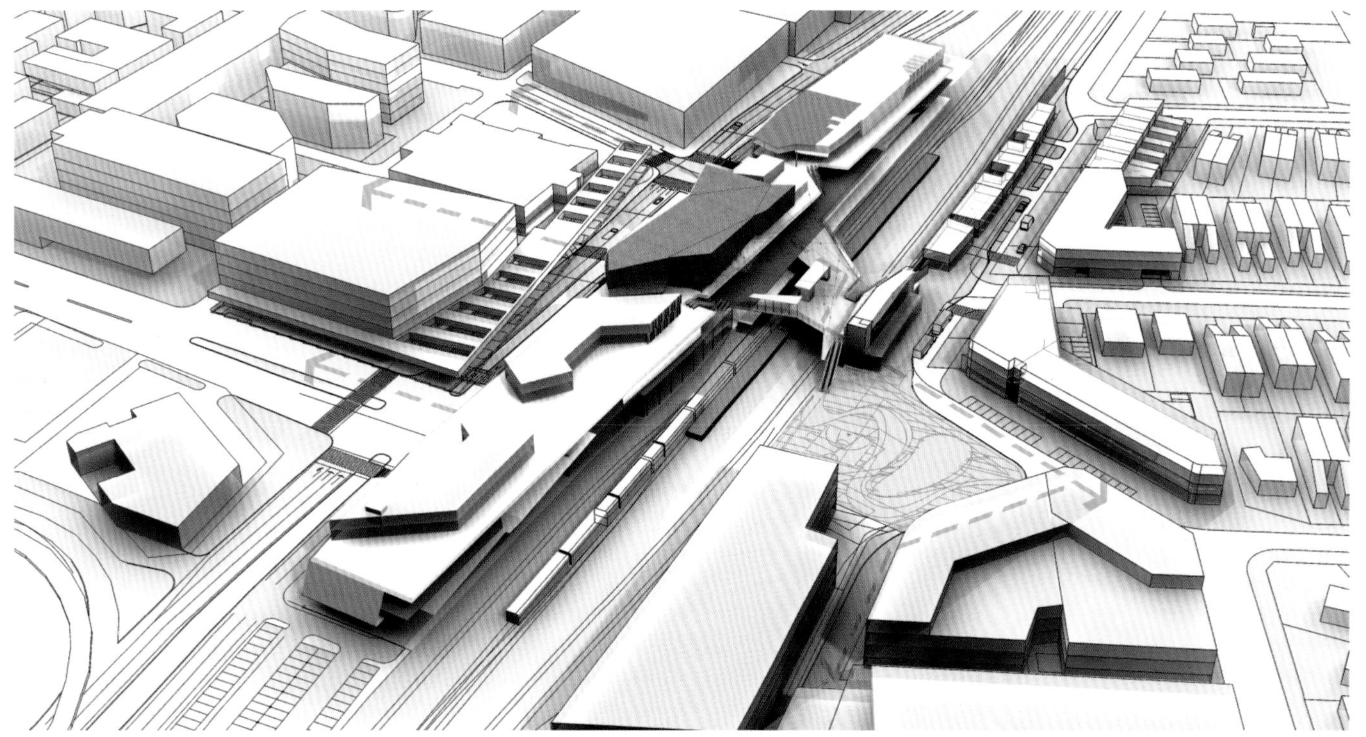
二期平面图

Broadmeadows
1
SILVER TOP TAXI
TAXI

加拿大酒店改建项目

这个屡获殊荣的前酒店改建项目距离墨尔本中心商业区约0.5千米，可步行前往墨尔本和墨尔本皇家理工大学，包括219套学生公寓。它可能并非人们想到“学生公寓”时脑海中浮现的第一印象。然而，它却是旨在丰富人类体验的一个优秀设计案例。

城市规划作为海鲍尔事务所哲学的一个部分，其设计关注项目的潜在社会资本。海鲍尔事务所曾与众多互不相关的业主在佩勒姆街区的一系列不同建筑项目中合作过。突出每个设计的活跃性是海鲍尔事务所坚守的兼容特性的表现，也是创作系列主题的一个亮点，即周边维多利亚式住房的主导性垂直特征，住宅楼中细节的人性化特征以及激活街面层的社会需求。

加拿大酒店改建项目因提供了规划性和融合性互动空间而著名。洗衣房被设计为建筑的社交中心：所有表面都以橡胶瓦包覆，而照明则利用激光切割有机玻璃天花的形式。零售和餐饮租赁空间设置在一楼，激活了临街正面，而演讲厅和分散在整个建筑中的公共空间则让人们聚集起来。

新旧元素之间的建筑对话非常清晰，且能吸引公众目光：大楼的窗户图案被嵌入酒店的原洞口，构成了对酒店改建行为的直接描述。漂亮的外立面由盘旋而上、环绕整个建筑的堆叠几何板构成，精心切割的洞口缩小了原本巨大的建筑，与相邻项目建立了鲜明的建筑联系。阳台的位置在楼层之间交替出现，为公寓居住者提供了室外空间，并创造了从街道看过去的迷人视觉韵律。

地点 / 澳大利亚墨尔本卡尔顿
客户 / 犁耙酒店、米德尔房地产开发公司
竣工时间 / 2009
获奖信息 / 2009贝斯特·欧沃尼民用建筑集合住宅类最佳奖和美国建筑师协会维多利亚建筑奖墨尔本奖

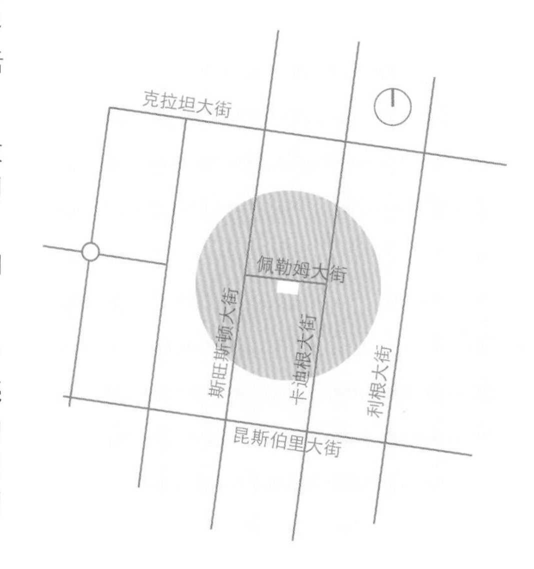

北侧立面图

HOTEL
131

laundry

5
‹ 501
‹ 517-518
› 502-516

丹德农教育区

丹德农中学重大改建项目在国际上被誉为创新和整体设计的范例式教育模式。它是维多利亚州最大的二级学院之一，合并了三所学校，在同一个校园里容纳了2000名不同文化背景的学生。

该项目极大的受益于一种有关先进教育设施的独特设计思想——在这种设计思想中，教学需求促进了建筑的发展。这种创新思想对完成该项目的主要目标非常重要：为学生增加教育机会、提高教育成果和增加学习途径。该项目的改建过程展示了海鲍尔事务所的大量创意协作，建立了所有方面共同支持个性化学习的现代设计模式。该项目的设计通过在七座“校中校”建筑中组织学生进行社交活动，进而解决了学生数量众多的难题。这些“校中校”建筑提高了每个学生的熟悉感、认同感和对教育环境的归属感。围绕在这七座“校中校”周围的是支持跨学科学习、社交和精神教育的相邻设施。每栋“校中校”建筑的北边向阳面有一些划定的露天空间，这些空间为学习和休闲提供了小场所。这些以学生为中心的设施是支持新教育方法的建筑设计的成熟范例，而这种设计也被谨慎地放入教学课程中。

该项目的主要设计亮点在于塑造了一个学习环境，并通过细节将其打造成了一个活跃的背景。事实证明，这种设计对验证思想和将思想应用在最终学习环境中有着深远影响。学校和研究员发现在这些新环境中学生具有更高的参与意愿，教员和学生之间的互动也有所增加。该项目还是澳大利亚绿色建筑委员会的绿星教育试点项目的研究案例。它通过广泛规划、咨询和计算机建模完成了可持续发展设计方案，具有重要的教育意义。

地点 / 澳大利亚维多利亚丹德农
客户 / 教育和培训部（维多利亚州）
合作方 / 玛丽·费瑟斯通（设计师）、茱莉亚·阿特金（教育家）
竣工时间 / 2015（三期）
获奖信息 / 2009维多利亚CEFPI教育设施规划奖新建筑/重要设施类奖、维多利亚学校设计奖最佳整体项目和最佳中学奖；
2010年澳大拉西亚CEFPI教育设施规划奖最佳新设施奖

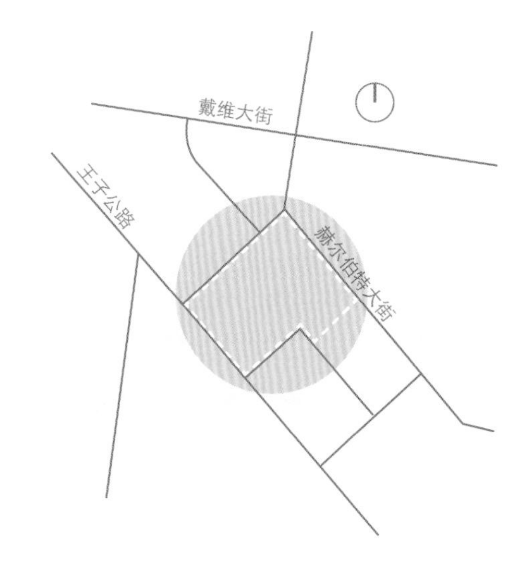

1 大型群体教学
2 展示区
3 数字记录与生产区
4 手作区
5 植物
6 女卫生间
7 男卫生间
8 入口
9 资源储藏室
10 大型群体活动及教学空间
11 个体与协作活动区
12 休闲及阅读区
13 探究团体
14 个体与协作研究区域
15 阅览室

二层平面图

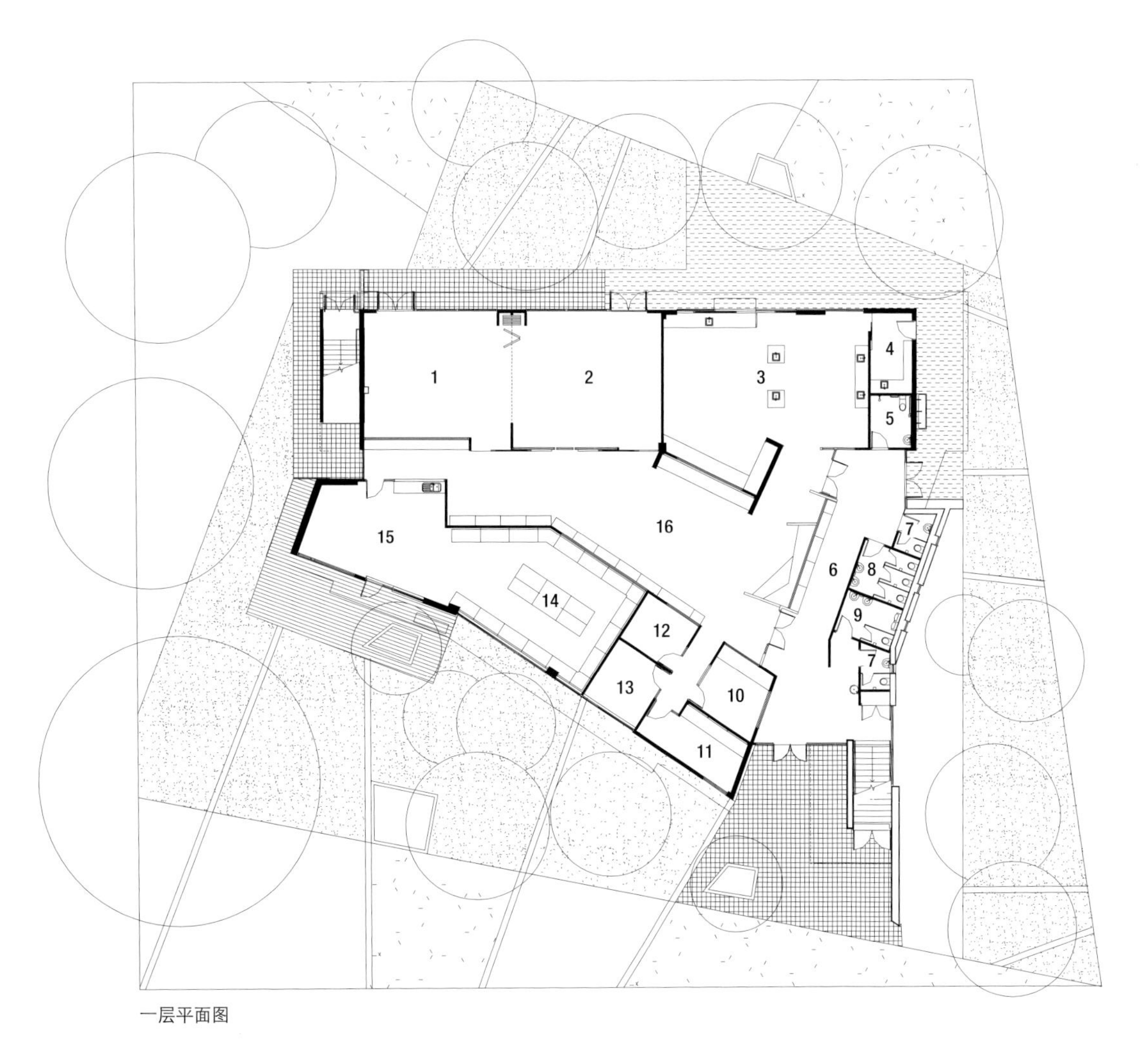

1 学习区1
2 学习区2
3 多功能实验室
4 实验准备处
5 无障碍卫生间
6 入口
7 员工卫生间
8 女卫生间
9 男卫生间
10 接待处
11 行政区域
12 会见室
13 副校长办公室
14 员工室
15 办公室隔间
16 共享学习空间

一层平面图

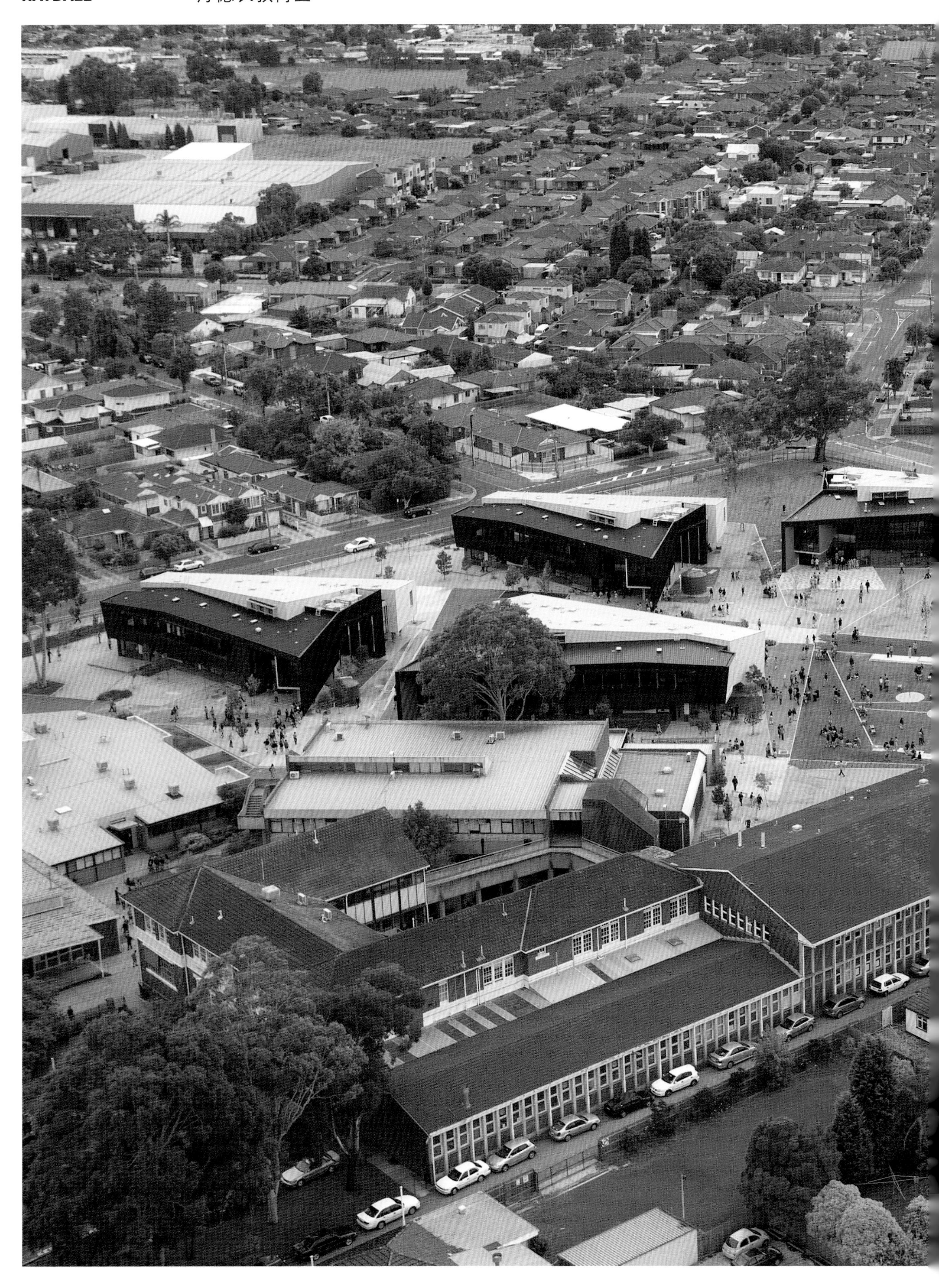

BANKSIA

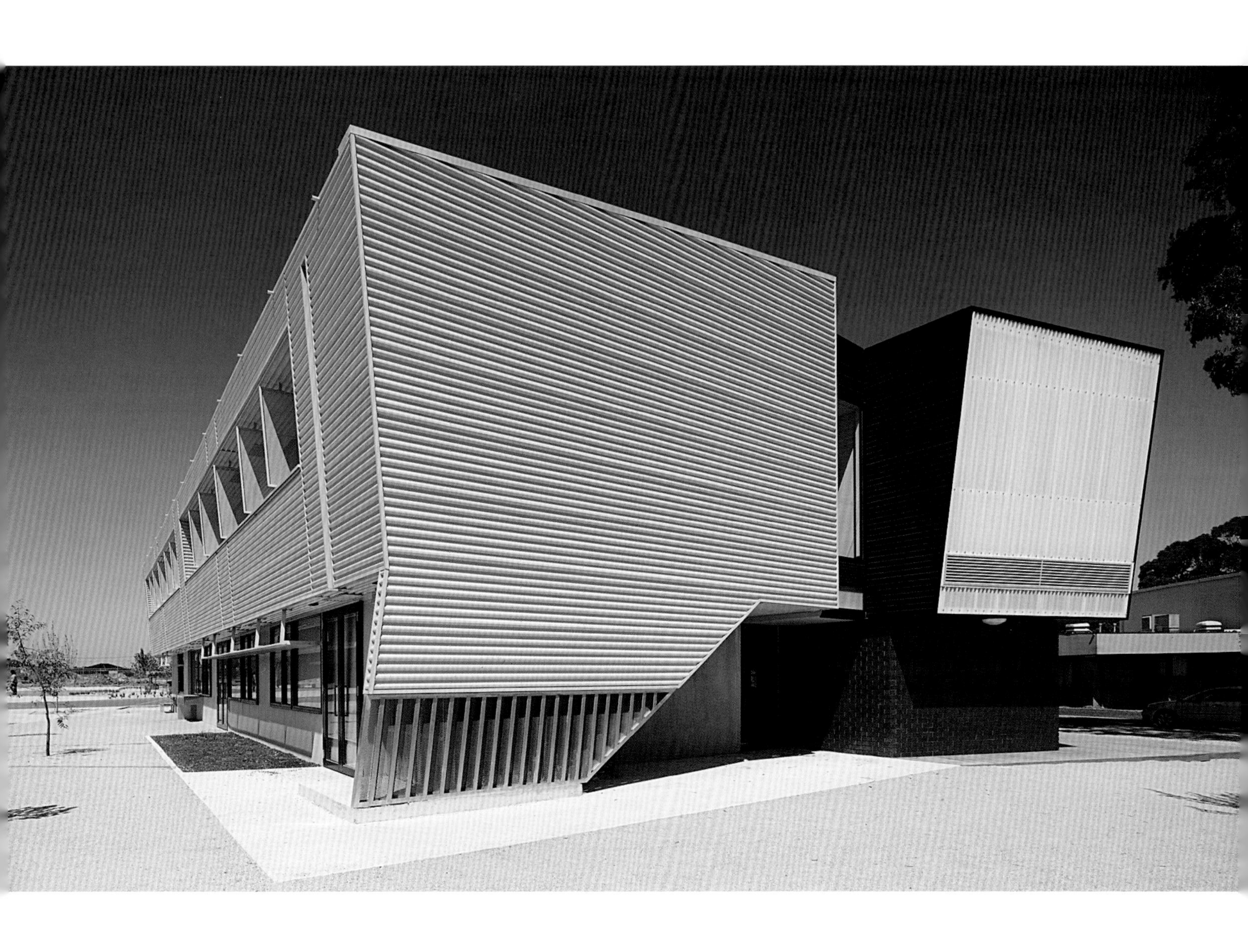

The following terms all relate to the visual perception system.
Reception
→light
→eye
→retina
→photoreceptors
Retina
Transmission
→Brain
→occipital Lobe
→neural activity
→Visual Center
Selection
→Interpretation
Organisation

坎伯维尔女子学校小学部

修建这所新小学（早期教育至六年级）的目的是为了推行一种21世纪教学模式，促进创建协作、多元化和以学生为主的学习环境，以让学生获得更好的学习成果。

设计纲要和规划方案是海鲍尔事务所与学校共同制定的，以让小学生更好地度过过渡期。这种过渡期指从早期教育转入学前教育的过渡时间以及小学升入初中之前的最后几年。该设计的主要目的是融合雷焦·艾米莉亚的教育理念，推行以探索为基础的学习和团队及项目协作，提供弹性空间和开放的公共空间。

该项目包括10间教室、一个探索中心、多个公共区域以及员工、行政和辅助空间，还有一个由三个教室构成的早期教育中心。所有学习区都相互连接，且环绕一个学习公共区布置。所有教室均可改装成双房间布局，或进一步扩建成中心公共区。

这个小现场的限制条件同样也蕴含着许多设计机会。所有主要树木都保留了下来，而建筑就围绕它们设计。此外，面向主要树木的景色都被细心地框入不同的内部空间。小学教学楼的中心轴线与现有小教堂对齐，且与后者建立了视觉连接。

发现中心——“艺术与科学交会”的地方——在设计和课程方面都是一种重要的表现。蛋形元素强调了开始和成长的概念，并成为校区的焦点。这栋二层楼建筑利用拉伸材料屏障采用顶部自然光照明，内部和外部都采用木饰面。垂直木肋片将外饰面“包含”在内，因截然不同的材质以及与周边树木的联系而变成了一个鲜明的校园焦点。

地点 / 澳大利亚墨尔本坎特伯雷
客户 / 坎伯维尔女子学校
竣工时间 / 2007
获奖信息 / 2008澳大拉西亚CEFPI教育设施规划奖中，荣获国际、澳大拉西亚和维多利亚最佳学校和最佳设施建筑奖

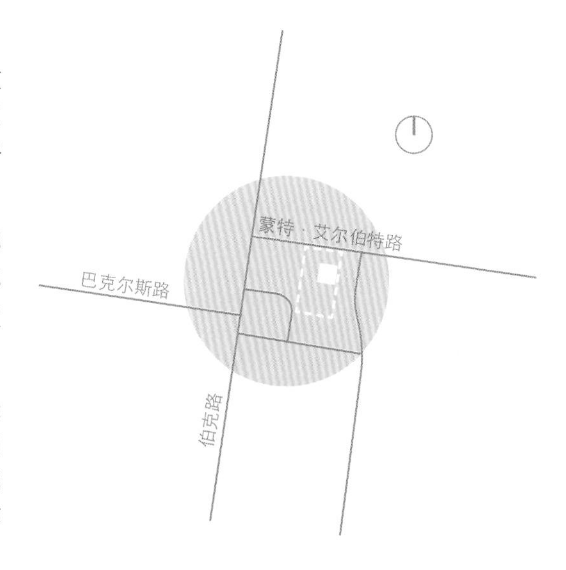

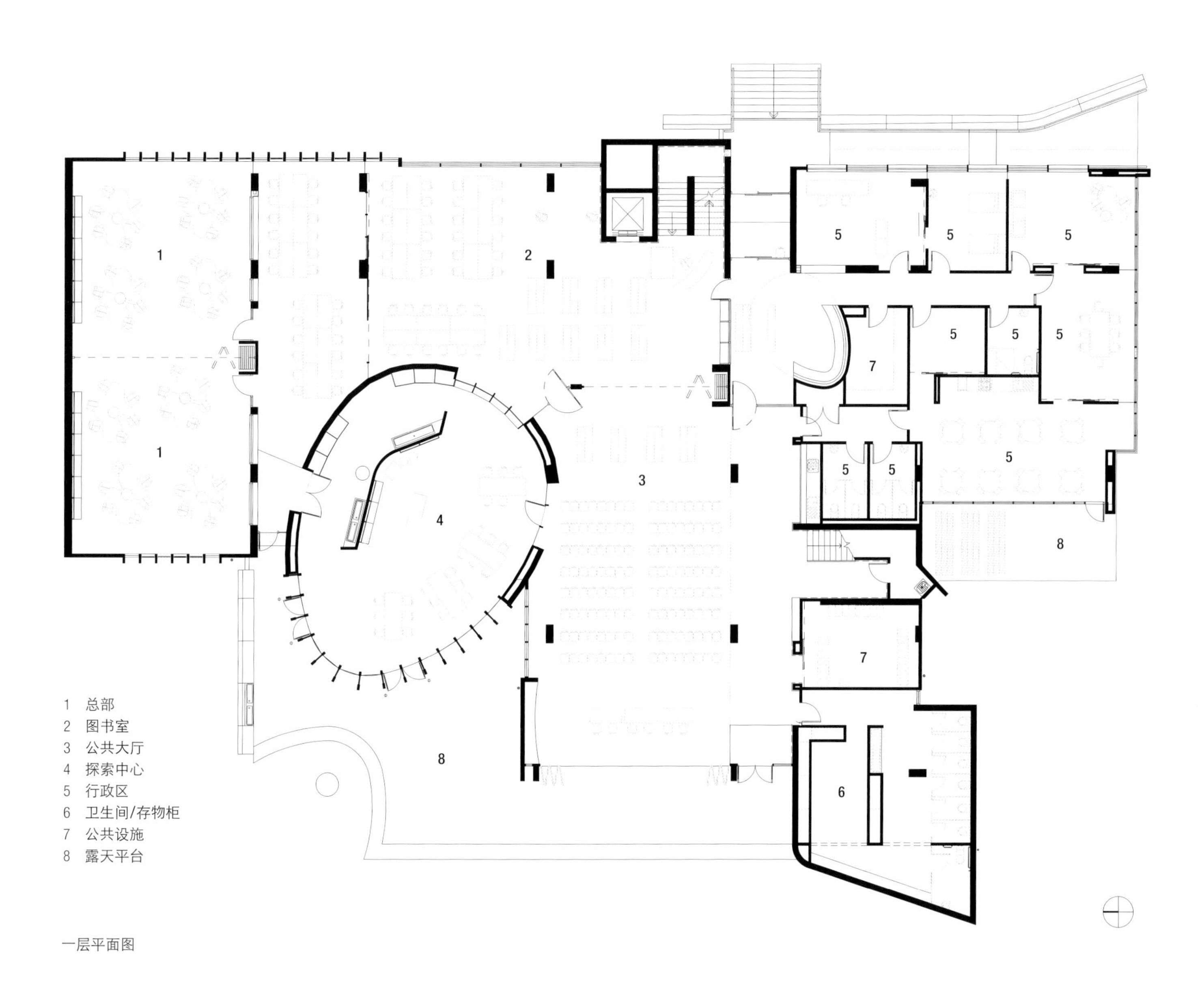

一层平面图

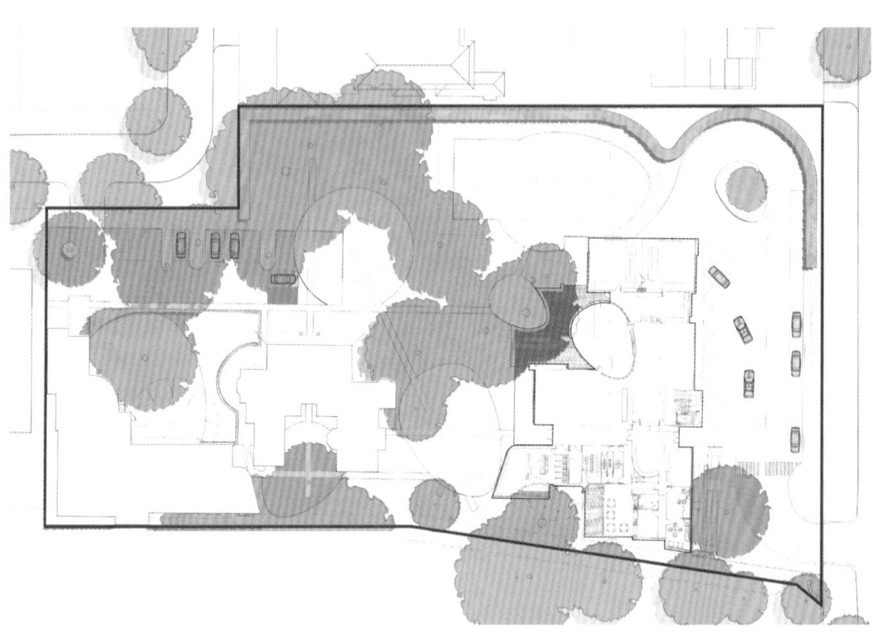

总体平面图

J

NEO 200公寓

NEO200是一栋位于墨尔本中心商业区西面的41层住宅楼，拥有一个多功能墩座墙和停车场，并在竣工后成了该区最大的建筑。

该楼拥有180度视角，其设计能满足越来越多的人口对邻近服务和便利设施的小型公寓的需求。该楼包括商业中心、餐馆和设施齐全的公寓，居民能够享有靠近连接市中心和正在改建的达克兰区的通道的便利。

六层地上停车场采用纹理清晰的粗预制板装饰，而整个大楼从下到上全部采用这种预制板包覆。大堂采用金色和青铜色反光材料，与建筑的外部相协调。

大楼的稳健外观与一楼细节和入口空间的巧妙处理相结合，在城市网络的边缘创造了一种鲜明的街道存在。

地点 / 澳大利亚墨尔本
客户 / 贝克顿公司
竣工时间 / 2007

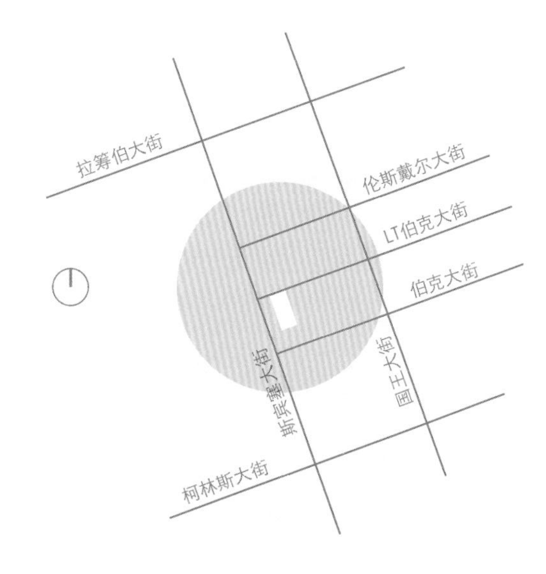

东方公寓

东方公寓是一座六层楼高的学生公寓楼，包括95个学生工作室、公用设施和停车场，位于繁忙的奥本路商业区背面。它是一系列服务于斯威本大学的学生公寓项目之一，拥有一个醒目的入口，内部还有一段楼梯标示了从巷道进入的通道，因此给一个由多功能住房和商铺楼顶住宿构成的街区注入了更多活力。这种活力还进一步表现在颜色、外立面图案和增加了建筑结构的渗透性的材料上。

它也是一座反映了现场的战略性建筑，创造了一个开发内陆的机会，因而需要采用能够开发其潜力的设计方法，合理利用修建历史巷道方面的城市开发经验。

此外，该建筑的其他外立面是由构成一种倾斜图案的几何窗洞构成的。这些洞口采用浅色预制混凝土板制作，给建筑外壳增添了一种更为细腻的纹理。

地点 / 澳大利亚墨尔本霍索恩
客户 / 澳大利亚SMA工程公司
竣工时间 / 2007

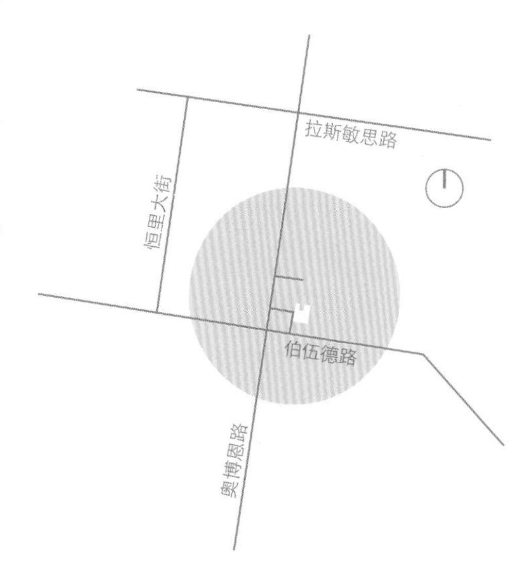

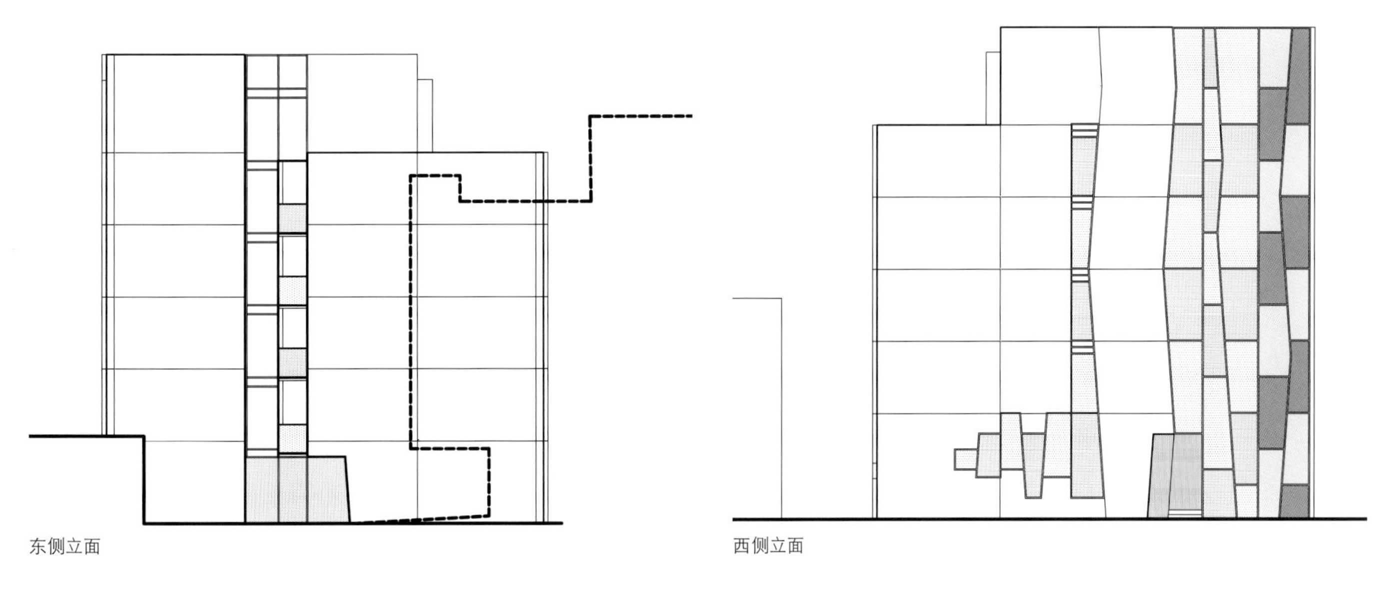

东侧立面

西侧立面

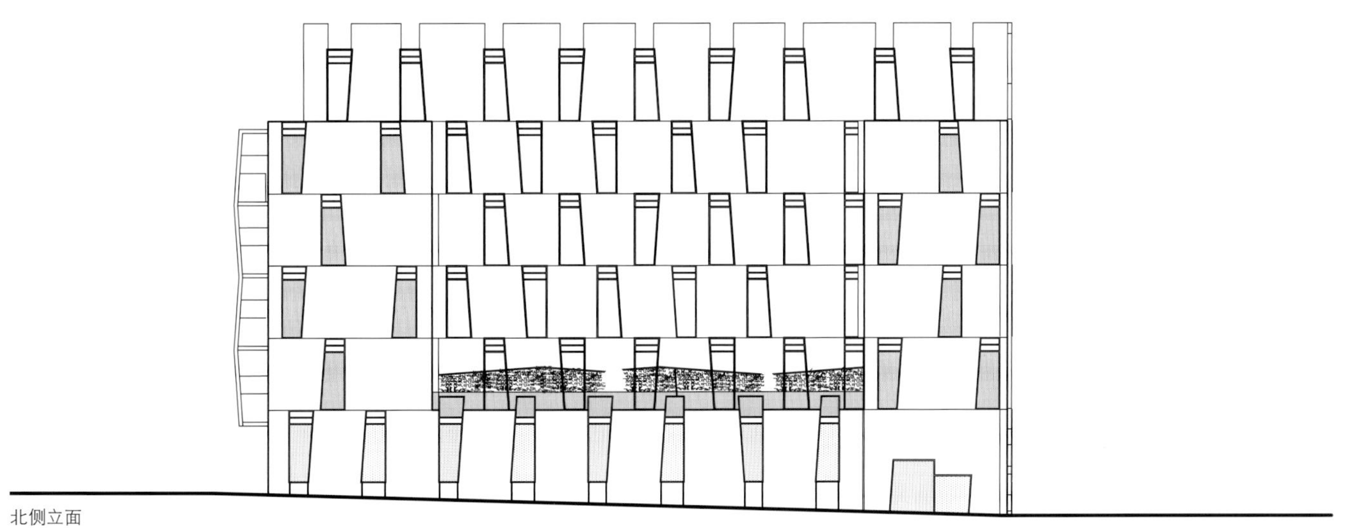

北侧立面

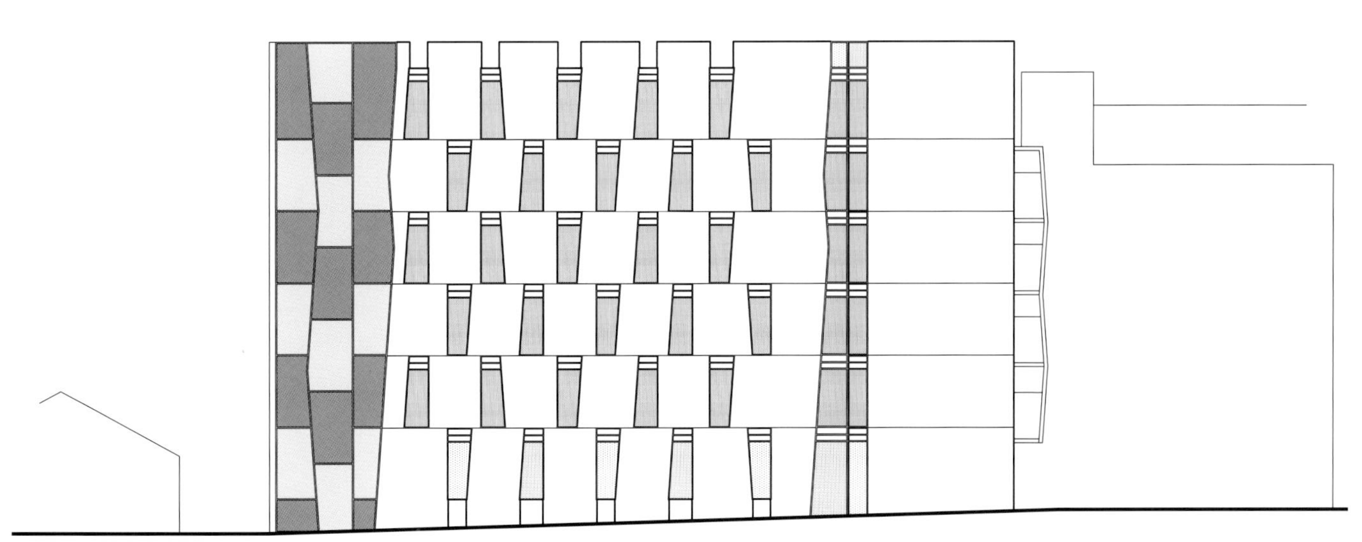

南侧立面

2
eastern
place

Libby Naylor COUTURE
The Natural Skin Care Place 9882 8296
FOR LEASE

格伦·加拉住宅楼隔音墙

隔音墙这种建筑结构是墨尔本高速公路一种建立已久的特征。位于墨尔本西环路旁边的格伦·加拉住宅楼项目就从这种隔音墙着手，别具一格地将道路工程与高质量、中密度的住宅融合起来。

这座长达635米的多面混凝土带状结构包含44套公寓和35栋联排别墅。该项目是一个宏大的城市结构，其目的是为了在新住宅小区和高速公路交通之间建立一条缓冲带。建筑南面有一个购物中心（参考格伦·加超级市场，第240页），北面有一所学校，因而在建筑周围的每个十字路上镶贴了一条有人居住的城市边缘，创造了一种包围感和街区存在感。

从高速公路看过去，建筑是由一系列关节点和间隔出现的黄色预制混凝土楼板连接起来的，与更广的高速公路景观相协调。该项目以这种方式借鉴了他人制作的系列设计方案，而那些方案也辅助该设计从交通建筑角度定义了西环路的体验。

固定在墙体内表面上的房屋构件采用现代建筑方法，利用住宅建筑材料重塑了整套家用屏障元素、花园庭院以及相互交叠的阳台空间，在两层空间上与相邻建筑建立了联系。

这种独特的住房类型及漂亮的建筑形式极少见于传统住宅区。这些公寓和联排别墅模型被视为可互换的模块，为满足施工前的市场需求留下了弹性空间。

部分是出于减少隔音墙组件成本的经济考虑，该项目最先采用了住房结合交通基础设施的形式。

地点 / 澳大利亚墨尔本
客户 / 千年房地产公司
竣工时间 / 2007

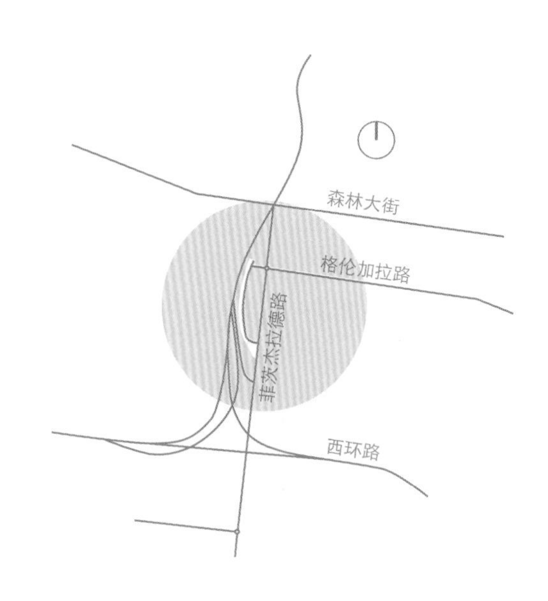

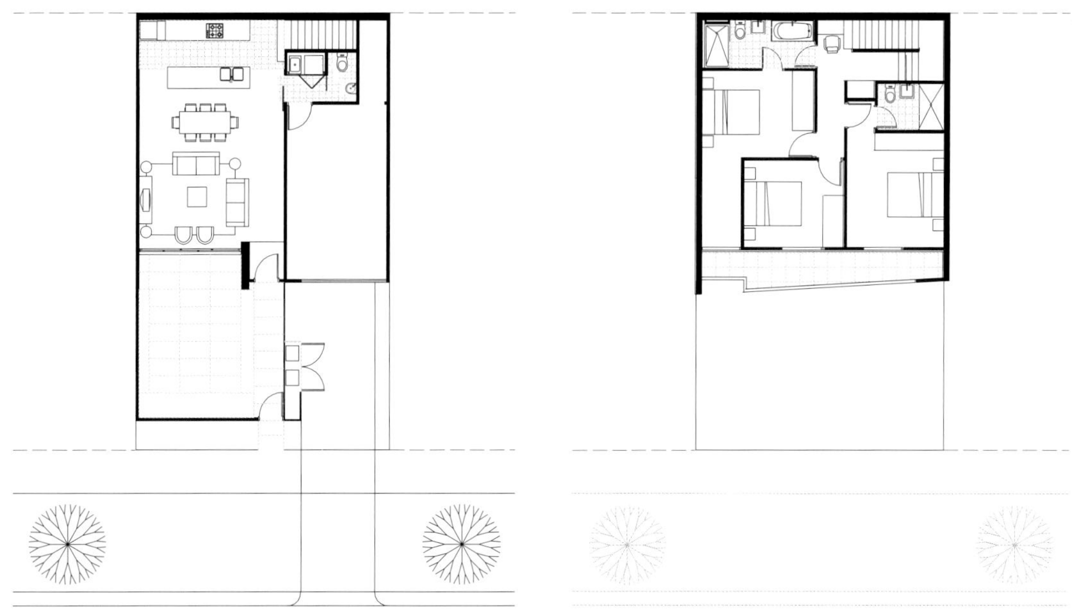

联排别墅一层平面图

联排别墅二层平面图

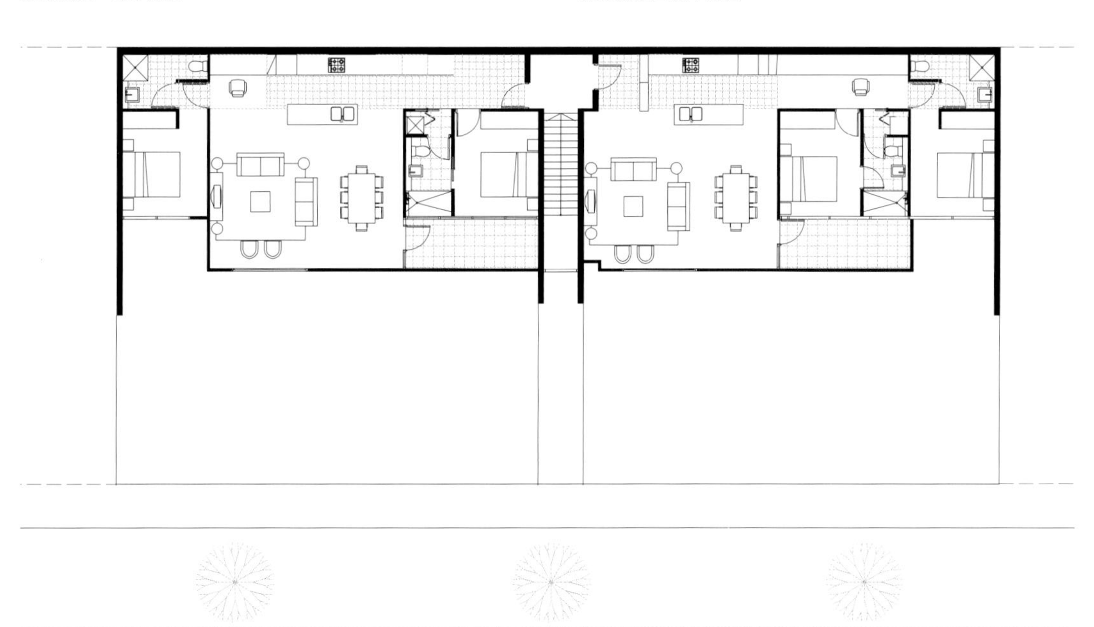

公寓二层平面图

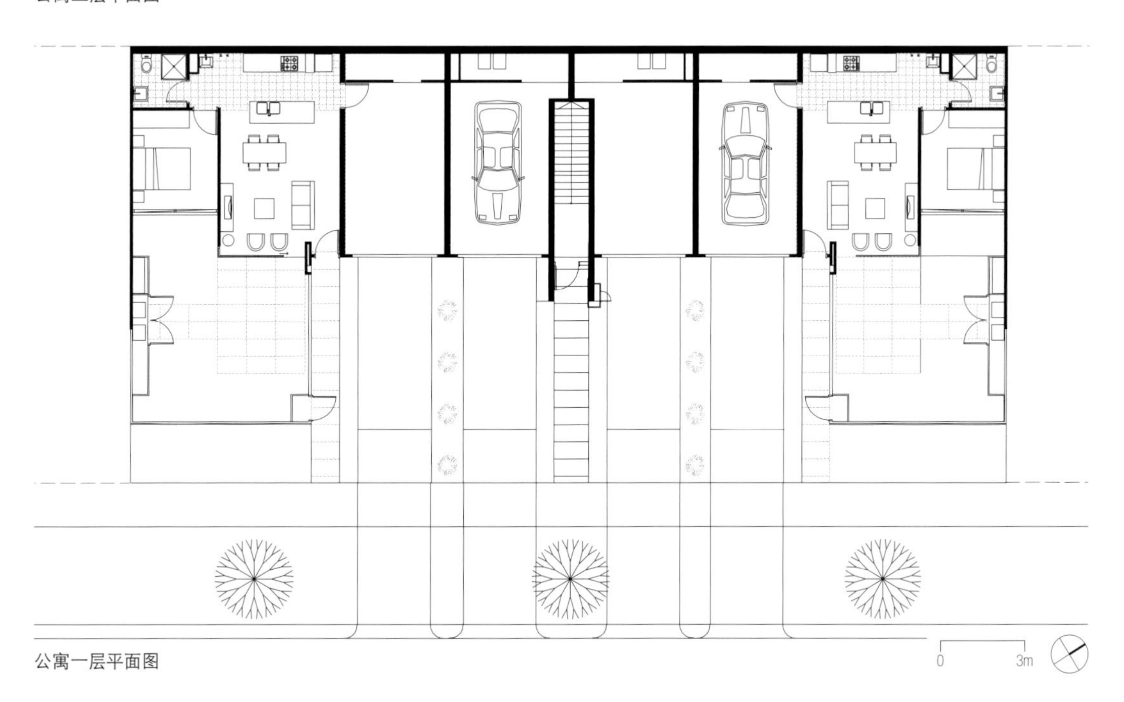

公寓一层平面图

格伦·加拉
超级市场

在“日照西”的高速公路景观中，有一大片原为工业区的土地，如今已变成了融合住宅楼和商用建筑的居民区，而格伦·加拉超级市场就位于这里。

从外观看，格伦·加拉超级市场协调了现场的各种体验，包括驾车者路过时看到的景色、步行者的人性化体验以及与周边工业建筑和高速公路隔音墙之间的形式链接（参考格伦·加拉住宅楼隔音墙，第234页）。因此，它将自己的形象塑造成一栋明显地反映了所在位置且没有使用多余标牌的建筑，能够为快速通过的高速公路交通和来自周边街区的居民清楚地看见。

该建筑的独特特点是它采用了长而连绵的屋檐。屋檐创造了一种动态形式，在高速路过时也能看得非常清楚，而从步行商业区看过去，屋檐占据了很大面积。木材的大量使用与彩色混凝土和钢铁形成了对比，为所在城市创造了一栋重要的标志性建筑。

与当时传统的零售规划不同的是，该超级市场更加直接的与临街面相连，从而最大程度地增加了城市关联，且没有减损大型地面停车场的效果。从策略上看，这种设计在建筑内部也得到了延续，具体表现在专业零售商店环绕超市的布局上，这种布局创造了一种更加活跃、纹理更加细密、以步行者为中心的外部环境。

地点 / 澳大利亚墨尔本
客户 / 千年房地产公司
竣工时间 / 2009

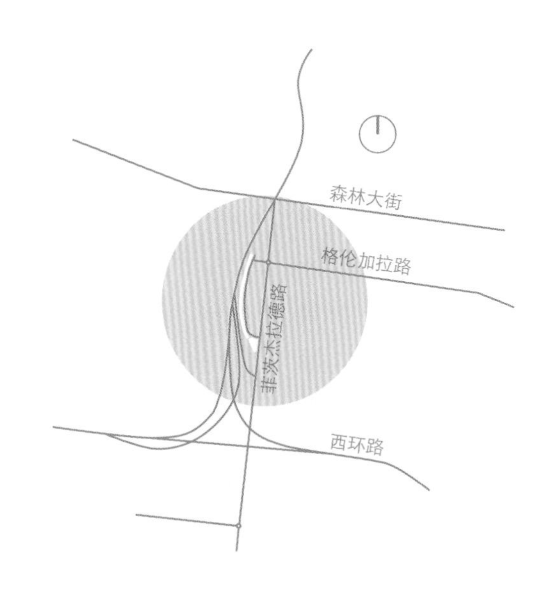

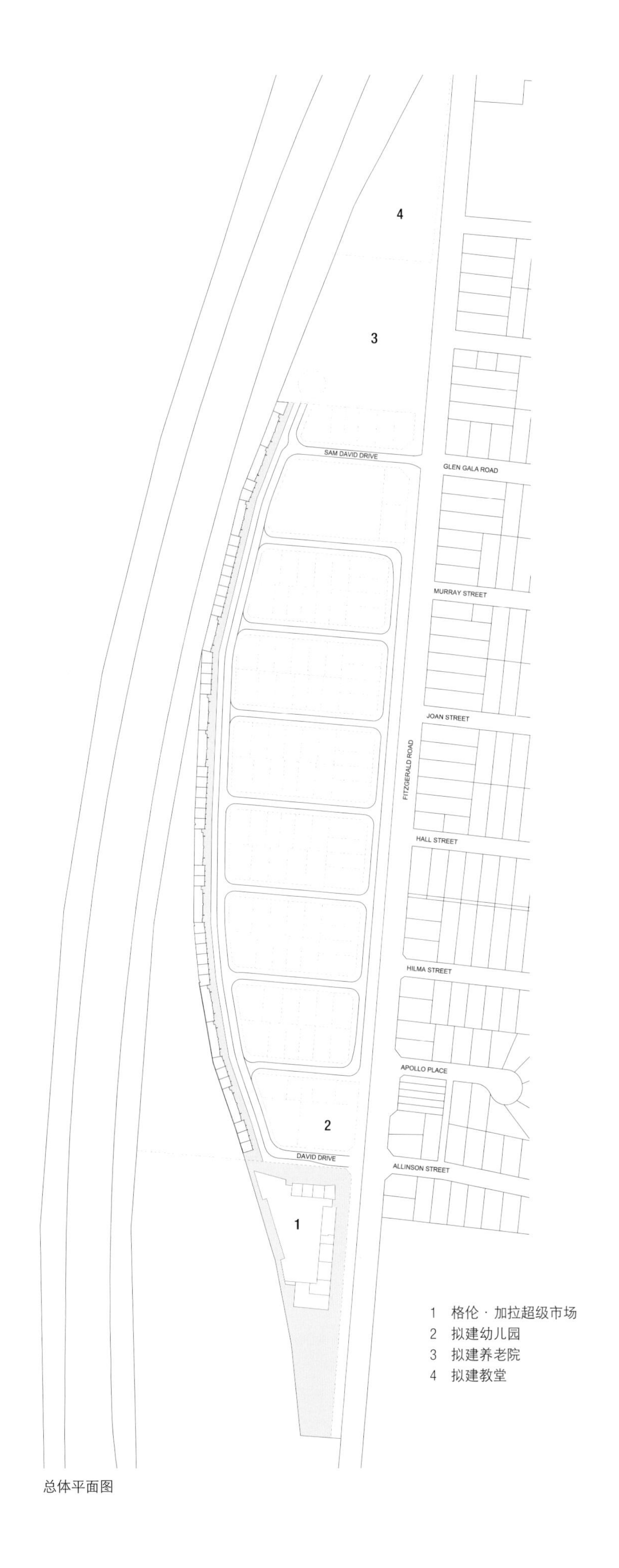

1 格伦 · 加拉超级市场
2 拟建幼儿园
3 拟建养老院
4 拟建教堂

总体平面图

GlenGala
Village
MORGAN'S
SUPA
Fresh
FLOWERS
Here

穆纳·林克斯度假村

穆纳·林克斯度假村由三栋建筑构成，专为团队住宿打造，位于澳大利亚的优质高尔夫球场之一。每栋建筑包括12套两层楼私人客房，每套客房均与一个带有开放生活区、餐厅、厨房和会议设施的大型公用空间相连接。这些空间一起构成了莫宁顿半岛高尔夫球场、社交和当地沙丘环境之间的宜居界面。

这些建筑全部采用木材结构，被设计成坐落在景观中的实心形状，以雕塑般的结构构建公用入口区，包含入口楼梯的叠加外墙以及将私人风景延伸至远处的景观和高尔夫球场通道的双层高竖直肋片。

裸木框的使用以及裸钢支架和支撑构件共同创造了可称为“露天房间”的外部空间，从那里看过去，景观变成了内部生活区的延伸。在未来，随着木材老化，这种关系将继续延续，并增加高尔夫球场、社交活动区和沙丘之间的交界面。从内部看，木材得以继续使用，公共区采用了塔斯马尼亚橡木制作的细木家具和装饰墙饰面，而私人客房则采用与之形成对比的塔斯马尼亚黑木。

地点 / 澳大利亚维多利亚莫宁顿半岛
客户 / 高尔夫澳大利亚控股公司
竣工时间 / 2006
获奖信息 / 2007澳大利亚细木设计奖所有分类总冠军；2007澳大利亚细木设计奖二级住宅和露天木材类奖

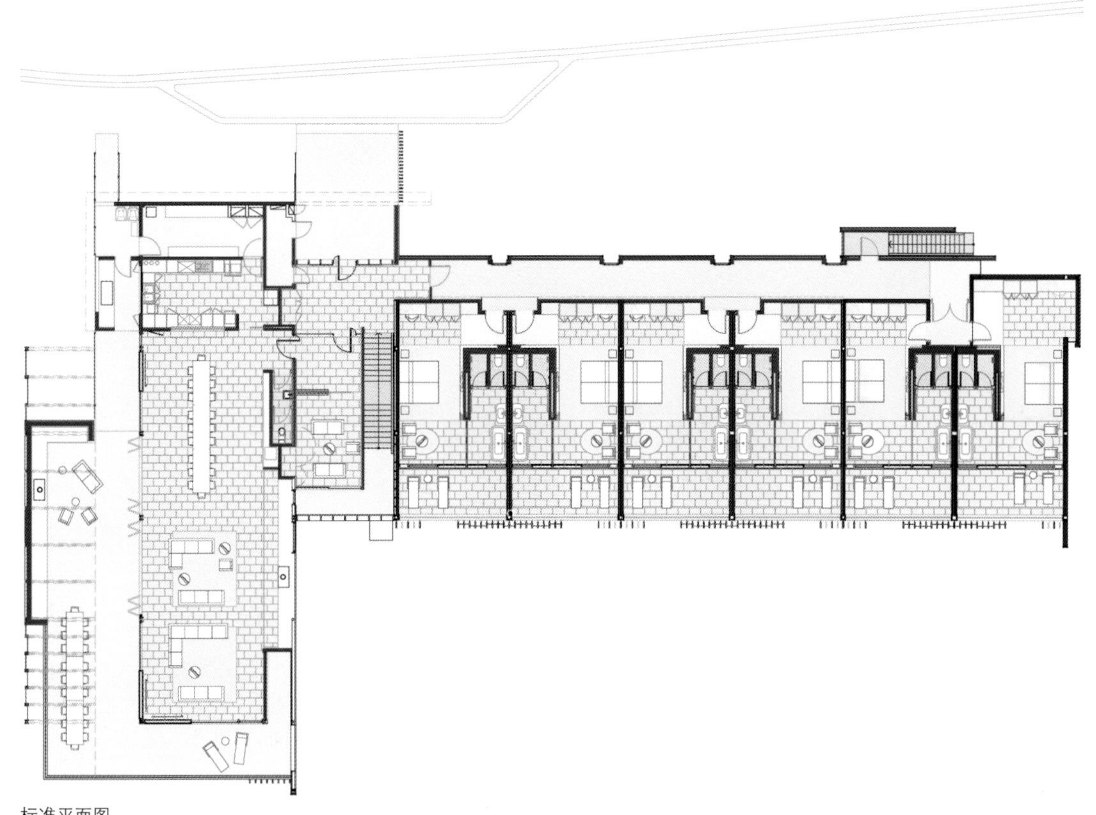

标准平面图

总体平面图

公司简介

海鲍尔事务所是澳大利亚最大的设计事务所之一，拥有强大的设计人才阵营，在墨尔本、悉尼和布里斯班都设有工作室。海鲍尔有意地开展融合建筑、室内设计和城市设计知识的多样化项目组合，其工作重心是为我们的城市和社区设计一个美好的未来。

在过去的30多年中，该公司完成了来自澳大利亚、新西兰、东南亚和中国的数百个项目——从独栋建筑和住宅小区到学校，再到商业开发区以及整个郊区的城市设计。这些项目因为创新、统一和可持续性的设计方案而闻名，并且是通过一种以研究为目的的协作方式完成的。

因为每个项目的独特特征以及产生影响的可能性，海鲍尔努力创造人们喜爱的场所。

汤姆·乔丹
总经理

莎拉·巴克里奇
总监

理查德·莱昂纳多
总监

安·刘
总监

吕克·巴尔迪
总监

戴维·特维迪
总监

伦恩·海鲍尔
总监

比安卡·勋
总监

尤金·钱
总监

戴维·杰瑟普
办公室总监

戴维·托多夫
办公室总监

菲奥娜·杨
办公室总监

荣誉奖项

2017 NZIA Canterbury Architecture Awards
Education Award
Marshland School, Christchurch, New Zealand
(with Stephenson & Turner)

Learning Environments Australasia, Region Awards
Winner, New Construction / New Individual Facility
Carey Baptist Grammar School, Centre for Learning & Innovation, Melbourne, Australia

Learning Environments Australasia, Region Awards
Winner, Renovation / Modernization under $2m
Dandenong South Primary School, Junior Centre, Melbourne, Australia

Learning Environments Australasia, Region Awards
Commendation, Renovation / Modernization over $2m
Ave Maria College, The Mary Centre, Melbourne, Australia

Learning Australian Library Design Awards
Commendation for School Libraries
Carey Baptist Grammar School, Centre for Learning & Innovation, Melbourne, Australia

Association for Learning Environments, LE Solutions Planning and Design Awards
Finalist (1 of 3), James D. MacConnell Award, Caulfield Grammar School, The Learning Project, Melbourne, Australia

2016 World Architecture Festival
Future Project of the Year, Winner
South Melbourne Primary School, Melbourne, Australia

World Architecture Festival
Education, Future Projects, Category Winner
South Melbourne Primary School, Melbourne, Australia

AIA Victorian Architecture Awards
Award for Residential Architecture—Multiple Housing
Monash University Halls of Residence (with Richard Middleton Architects), Melbourne, Australia

Dulux Colour Award
Multi Residential Interiors
Monash University Halls of Residence (Holman Hall) with Richard Middleton Architects, Melbourne, Australia

Learning Environments Australasia, Victorian Awards
Renovation / Modernization over A$2m
Ave Maria College, The Mary Centre, Melbourne, Australia

Learning Environments Australasia, Victorian Awards
Renovation / Modernization under A$2m
Dandenong South Primary School, Junior Centre, Melbourne, Australia

Learning Environments Australasia, Victorian Awards
Commendation, New Individual Facility
Mount Erin Secondary College, DATS Centre, Frankston South, Melbourne, Australia

Learning Environments Australasia, Region Awards
Overall Winner
Caulfield Grammar School, The Learning Project, Melbourne, Australia

Learning Environments Australasia, Region Awards
Winner, Education Innovation
Caulfield Grammar School, The Learning Project, Melbourne, Australia

Victorian School Design Awards (DET)
Finalist, Best Secondary School
Mount Erin Secondary College, Frankston South, Melbourne, Australia

Property Council of Australia, Victorian Awards
Development of the Year
Library at the Dock, Docklands, Melbourne, Australia
(Design architect: Clare Design; Architect of record: Hayball)

Property Council of Australia, National Innovation and Excellence Awards
People's Choice Award
Library at the Dock, Docklands, Melbourne, Australia
(Design architect: Clare Design; Architect of record: Hayball)

2015 AIA National Architecture Awards
Award for Sustainable Architecture
Library at the Dock, Docklands, Melbourne, Australia
(Design architect: Clare Design; Architect of record: Hayball)

AIA Victorian Architecture Awards
Allan and Beth Coldicutt Award for Sustainable Architecture
Library at the Dock, Docklands, Melbourne, Australia
(Design architect: Clare Design; Architect of record: Hayball)

AIA Victorian Architecture Awards
Commendation for Public Architecture
Library at the Dock, Docklands, Melbourne, Australia
(Design architect: Clare Design; Architect of record: Hayball)

AIA Victorian Architecture Awards
Commendation for Residential Architecture,
Multiple Housing
Bravo, Carlton, Melbourne, Australia

CEFPI Educational Facility Planning Awards, Victoria
Commendation, Renovation / Modernization under A$2m
St Columba's College, Sophia Library, Essendon,
Melbourne, Australia

CEFPI Educational Facility Planning Awards, Victoria
Commendation, New Construction/New Individual Facility
Yarra Valley Grammar Science and Mathematics
Building, Ringwood, Melbourne, Australia

Intergrain Timber Design Awards
Overall Winner
Library at the Dock, Docklands, Melbourne, Australia
(Design architect: Clare Design; Architect of record: Hayball)

City of Whitehorse Built Environment Awards
Apartment Project Commendation
Q2, Blackburn, Melbourne, Australia

2014 CEFPI Educational Facility Planning Awards, Australasia
Commendation for New Construction Major Facility
St Francis Xavier College, DATS Building, Officer,
Melbourne, Australia

CEFPI Educational Facility Planning Awards, Australasia
Commendation for New Construction Major Facility
St Peters College, Sr Rosemary Graham RSM Building,
Cranbourne, Melbourne, Australia

CEFPI Educational Facility Planning Awards, Victoria
Winner, New Construction/New Individual Facility
Brighton Secondary College, da Vinci Centre,
Melbourne, Australia

Australian Timber Design Awards
Excellence in Timber Design—Public or
Commercial Buildings
Library at the Dock, Docklands, Melbourne, Australia
(Design architect: Clare Design; Architect of record: Hayball)

Australian Timber Design Awards
Excellence in Timber Design—Sustainability
Library at the Dock, Docklands, Melbourne, Australia
(Design architect: Clare Design; Architect of record: Hayball)

2013 AIA Victorian Architecture Awards
Award for Residential Architecture, Multiple Housing
Serrata, Docklands, Melbourne, Australia

AIA Victorian Architecture Awards
Award for Urban Design
Serrata, Docklands, Melbourne, Australia

CEFPI Educational Facility Planning Awards, Australasia
Commendation New Construction Major Facility
Camberwell High School, Enterprise Centre, Melbourne,
Australia

CEFPI Educational Facility Planning Awards, Victoria
Commendation New Educational Facility Construction/
Entire Educational Facility
St Peters College, Sr Rosemary Graham RSM Building,
Cranbourne, Melbourne, Australia

City of Whitehorse Built Environment Awards
Apartment Project Winner
John Street Apartments, Box Hill, Melbourne, Australia

2012 City of Port Phillip Design and Development Awards
Best Non-Residential Project
Mider Head Office, South Melbourne, Melbourne, Australia

Boroondara Urban Design Award
Best Institutional Development
Camberwell Girls Grammar School, New Middle School,
Melbourne, Australia

2011 AIA National Architecture Awards
Award for Residential Architecture, Multiple Housing
John Street Apartments, Box Hill, Melbourne, Australia

AIA Victorian Architecture Awards
Award for Residential Architecture, Multiple Housing
John Street Apartments, Box Hill, Melbourne, Australia

CEFPI Educational Facility Planning Awards, Victoria
Commendation New Construction/New Individual Facility
Yarra Valley Grammar: Upper Primary, Ringwood,
Melbourne, Australia

CEFPI Educational Facility Planning Awards, Victoria
Commendation Education Initiative or Design Solution for an Innovative Program
Building the Education Revolution Program Templates

2010 'Proposition' Urban Design Competition
1st Prize Award
Proposition 2065 St Leonards, Victoria, Australia

Victorian School Design Awards (DEECD)
Best Secondary School
Alkira Secondary College, Cranbourne, Melbourne, Australia

Victorian School Design Awards (DEECD)
Finalist, Best Primary School
Derrimut Primary School, Victoria, Australia

CEFPI Educational Facility Planning Awards, Australasia
Best New Facility
Dandenong High School, Melbourne, Australia

2009 AIA Victorian Architecture Awards
Best Overend Award for Residential Architecture, Multiple Housing
Canada Hotel Redevelopment, Carlton, Melbourne, Australia

AIA Victorian Architecture Awards
The Melbourne Prize
Canada Hotel Redevelopment, Carlton, Melbourne, Australia

Victorian School Design Awards (DEECD)
Best Overall Project
Dandenong High School (Stage One), Melbourne, Australia

Victorian School Design Awards (DEECD)
Best Secondary School
Dandenong High School (Stage One), Melbourne, Australia

CEFPI Educational Facility Planning Awards, Victoria
Winner New Construction/Major Facility
Dandenong High School (Stage One), Melbourne, Australia

2008 Urban Development Institute of Australia (Victoria)
Excellence in Urban Renewal Projects
Cheltenham Green

CEFPI Educational Facility Planning Awards, International
Best New School/Facility Construction
Camberwell Girls Grammar School, Junior School, Melbourne, Australia

CEFPI Educational Facility Planning Awards, Australasia
Best New School/Facility Construction
Camberwell Girls Grammar School, Junior School, Melbourne, Australia

CEFPI Educational Facility Planning Awards, Victoria
Best New School/Facility Construction
Camberwell Girls Grammar School, Junior School, Melbourne, Australia

2007 Australian Timber Design Awards
Overall Winner of all Categories
Moonah Links Lodges, Mornington Peninsula, Victoria, Australia

Australian Timber Design Awards
Residential Class 2 and Outdoor Timber Categories
Moonah Links Lodges, Mornington Peninsula, Victoria, Australia

2006 Victorian School Design Awards (DEECD)
Best School/Overall Winner of all Categories
Wallan Secondary College, Victoria, Australia

Victorian School Design Awards (DEECD)
Best Secondary School, New or Redeveloped
Wallan Secondary College, Victoria, Australia

'Proposition' Urban Design Competition
1st Prize Award
Proposition 3047 Broadmeadows, Melbourne, Australia

'Proposition' Urban Design Competition
People's Choice Award Winner
Proposition 3047 Broadmeadows, Melbourne, Australia

2005 CEFPI Awards for Outstanding School Facilities, Victoria
Best New Construction/Entire School
Bellarine Secondary College, Victoria, Australia

CEFPI Awards for Outstanding School Facilities, Victoria
Best New Construction/Individual Facility
Mount Waverley Secondary College, Science and Information Technology Wing, Melbourne, Australia

CEFPI Awards for Outstanding School Facilities, Victoria
Commendation for Refurbished/Modernised Facility
Fitzroy 7-10 School, Melbourne, Australia

Dulux Colour Award
Commercial Interiors
Seasons Apartments, Carlton, Melbourne, Australia

Property Council Awards
High Rise Residential
UniLodge on Campus, Carlton, Melbourne, Australia

2004 China Ministry of Culture and Ministry of Construction
Art of Architecture Award
'3 Spaces' Mixed-use Development, Beijing, China

Urban Development Institute of Australia (Victoria)
Award for Excellence
UniLodge on Campus, Carlton, Melbourne, Australia

CEFPI Awards for Outstanding School Facilities
Best Refurbished/Modernised Facility
The Mac.Robertson Girls' High School,
South Melbourne, Melbourne, Australia

2003 Interior Design Excellence Awards for (inside) Interior Review
Residential Interior—Commendation
Elsternwick Residence, Melbourne, Australia

Maroondah Council
Urban Design Award
Yarra Valley Grammar Senior Student Centre,
Ringwood, Melbourne, Australia

Hong Kong Australia Business Association
Victorian Pearl Award for Business Entrepreneurial
Achievement (Hayball)

2001 Office of Housing ESD Competition
Medium Density Development, 2nd Prize Award
Raleigh Street, Windsor, Melbourne, Australia

2000 Master Builders Association of Victoria Awards
Excellence in Construction
The Mac.Robertson Girls' High School, South
Melbourne, Melbourne, Australia

1996 AIA Victorian Architecture Awards
Commendation for Residential, Multiple
Cardigan Crescent Apartments, Carlton, Melbourne,
Australia

Victorian Tourism Awards
Country Place Conference Centre, Kalorama,
Melbourne, Australia

Australian Tourism Awards
Country Place Conference Centre, Kalorama,
Melbourne, Australia

1995 AIA Victorian Architecture Awards
Commendation for Residential, Multiple
Riverside Apartments

Melbourne City Council Building Awards
Riverside Apartments

Victorian Tourism Awards
Astra Lodge, Falls Creek, Victoria, Australia

1994 AIA Victorian Architecture Awards
Institutional Alterations and Extensions, Merit
CSIRO Division of Atmospheric Research

City of Port Phillip Urban Environment Awards
McKinna et al Offices, Albert Park, Melbourne, Australia

1991 City of Malvern Building Design Awards
Excellence in Building Design, Dual Occupancy
2A and 65 Stanhope Street, Malvern, Melbourne, Australia

City of Malvern Building Design Awards
Commendation, Residential Alterations and Extensions
50 Elizabeth Street, Malvern, Melbourne

MOHC Merit Awards High Rise
Housing Lift Competition, Commendation,
Residential Alterations
Holland Court, Flemington, Melbourne, Australia

1989 Ministry of Housing/Master Builders Association
Medium Density Housing Award
Egan Place, Richmond, Melbourne, Australia

图片版权信息

所有图片、示意图、技术图及概念图的使用都经过海鲍尔建筑事务所的授权。

Introductory pages © Hayball 9, 11

Richmond High School © Hayball 13–15

Empire Melbourne © Hayball 18–19

South Melbourne Primary School © Hayball 22–3

La Trobe University, Donald Whitehead Building Redevelopment © Dianna Snape 26–7

Carey Baptist Grammar School, Centre for Learning and Innovation © Dianna Snape 30–3 (top), Chris Matterson 33 (bottom)

Evergreen Apartments © Hayball 36–7, 38 (bottom), 39; © Dianna Snape 38 (top)

Nord Apartments © Hayball 42–3; © Shannon McGrath 44–5

Residents' Clubs © Bernie Bickerton 50 (bottom), 51; © Peter Clarke 50 (top); © Gallant Lee 48–9

Normanby Road Precinct © Hayball 54–5

Westbury Street Apartments © Peter Clarke 58–61

Yorkshire Brewery Redevelopment © Peter Clarke 64–7

Monash University Halls of Residence © Dianna Snape 70–5

University of Canberra Urban Plan 2015–2030 © Hayball 78

Bayside Residence © Peter Clarke 82–9

Point Lonsdale Beach House © Nick Billings 94–5, 96 (bottom); © Shannon McGrath 92–3, 97

Bravo © Shannon McGrath 100–5

MY80 © Peter Clarke 108–10; © Shannon McGrath 111–13

Yarra Valley Grammar, Science and Mathematics Building © Dianna Snape 116–19

Yarra Valley Grammar, Early Learning Centre © Peter Clarke 122–4, 126–7; © Christopher Alexander 125

Gladstone Street © Hayball 130–3

Mitcham Village Apartments © Hayball 136–7

Camberwell High School, Enterprise Centre © Dianna Snape 140–5

Serrata © Peter Clarke 148–51 (top); © Hayball 151 (bottom)

Studio Nine © Tom Blachford 154–61

Empire City © Hayball 164–5

Alphington Grammar School, Multi-Purpose Hall and Primary Classroom Extension courtesy Hayball 168–71

Mount Scopus College, Gandel Besen Building © Dianna Snape 174, 175 (bottom); courtesy Hayball 175 (top), 176–7

Mider Offices © Chris Ott 180–3

John Street Apartments © Rhiannon Slatter 186–9

Proposition 2065 © Hayball 192–5

Proposition 3047 © Hayball 198–9

Canada Hotel Redevelopment © Tony Miller 204; courtesy Hayball 202–3, 205

Dandenong Education Precinct © Peter Clarke 208–15

Camberwell Girls Grammar, Junior School © Chris Ott 218–21

Neo 200 courtesy Hayball 223–7

Eastern Place courtesy Hayball 230–3

Glen Gala Residential Sound Wall courtesy Hayball 236–9

Glen Gala Supermarket courtesy Hayball 242–3

Moonah Links Lodge courtesy Hayball 246–7

Company profile © Hayball 249

致谢

能够收到视觉出版集团的邀请，成为“著名建筑事务所系列”中的一员，海鲍尔建筑事务所深感荣幸。

《海鲍尔建筑设计作品集》是在事务所的同事和很多合作者的共同努力下完成的。海鲍尔建筑事务所要特别感谢贾斯汀·克拉克为本书写作了极具洞察力的序言。

除此之外，我们还要感谢那些在挑选项目、润色语言、加工图片等工作中贡献了他们的聪明才智与专业技能的工作人员，尤其是汤姆·乔丹和安·刘独到的眼光，克里斯汀·特伦戈夫的写作，史蒂芬·斯托顿的编辑和艾米·海鲍尔的平面设计。

项目索引